就业技能培训教材

钳工基本技能

（第3版）

主编　孙俊　宋军民

中国劳动社会保障出版社

图书在版编目(CIP)数据

钳工基本技能 / 孙俊，宋军民主编. -- 3版. -- 北京：中国劳动社会保障出版社，2023

就业技能培训教材

ISBN 978-7-5167-6068-0

Ⅰ.①钳…　Ⅱ.①孙…②宋…　Ⅲ.①钳工-技术培训-教材　Ⅳ.①TG9

中国国家版本馆CIP数据核字(2023)第167499号

中国劳动社会保障出版社出版发行

（北京市惠新东街1号　邮政编码：100029）

*

保定市中画美凯印刷有限公司印刷装订　　新华书店经销

880毫米×1230毫米　32开本　7.25印张　166千字

2023年10月第3版　　2023年10月第1次印刷

定价：18.00元

营销中心电话：400-606-6496

出版社网址：http://www.class.com.cn

前　言

《国务院关于推行终身职业技能培训制度的意见》（国发〔2018〕11号）提出，要围绕就业创业重点群体，广泛开展就业技能培训。为促进就业技能培训规范化发展，提升培训的针对性和有效性，我们对原职业技能短期培训教材进行了优化升级，组织编写了就业技能培训系列教材。本套教材以相应职业（工种）的国家职业标准和岗位要求为依据，力求体现以下特点：

全。教材覆盖各类就业技能培训，涉及职业素质类，农业技能类，生产、运输业技能类，服务业技能类，其他技能类五大类。

精。教材中只讲述必要的知识和技能，强调实用和够用，将最有效的就业技能传授给受培训者。

易。内容通俗易懂，图文并茂，易于学习。

本套教材适合于各类就业技能培训。欢迎各单位和读者对教材中存在的不足之处提出宝贵意见和建议。

内 容 简 介

本书是钳工就业技能培训教材，在第二版的基础上结合钳工技术发展和实用性对内容进行了调整和完善，如丰富了装配等内容。本书的主要内容包括：认识钳工、测量、划线、錾削、锯削、锉削、孔加工、螺纹加工、装配等。

全书图文并茂，语言通俗易懂，内容紧密结合工作实际，突出技能操作，便于学员更好地掌握钳工基础知识和基本技能。

本书适合于就业技能培训使用。通过培训，初学者或具有一定基础的人员可以达到从事钳工工作的基本要求。本书还可供钳工爱好者学习参考。

本书由孙俊、宋军民主编，姜利参编。

目　录

第1单元 认识钳工

模块1 钳工的工作任务

钳加工是机械制造中较为古老的一种金属加工技术，19世纪以后，由于各种机械加工设备的发展和普及，逐步使大部分的钳工作业实现了机械化和自动化，但是在机械生产制造过程中，由于钳加工操作技术性强、灵活性大、工作范围广，很多工作仍需要依靠钳工精湛的技艺来完成，因此，钳加工技术在生产制造领域仍被广泛采用。

一、钳工基本操作技能

要能胜任钳工的工作，必须掌握好钳工的各项基本操作技能。钳工的基本操作主要有：测量、划线、錾削、锯削、锉削、孔加工、螺纹加工、矫正、弯形、铆接、刮削、研磨等，见表1–1。

表1–1　钳工基本操作

序号	基本操作	图示	序号	基本操作	图示
1	测量		2	划线	

续表

序号	基本操作	图示	序号	基本操作	图示
3	錾削		8	矫正	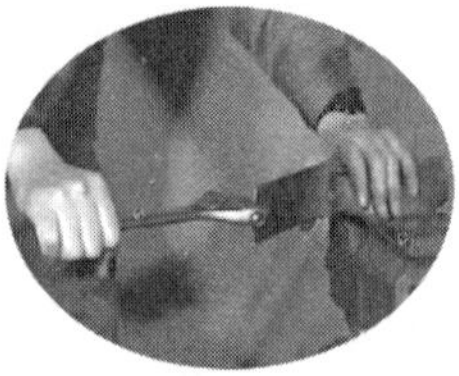
4	锯削		9	弯形	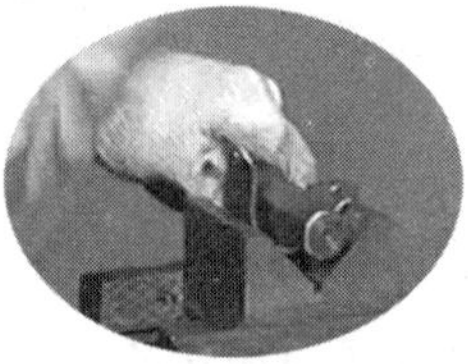
5	锉削	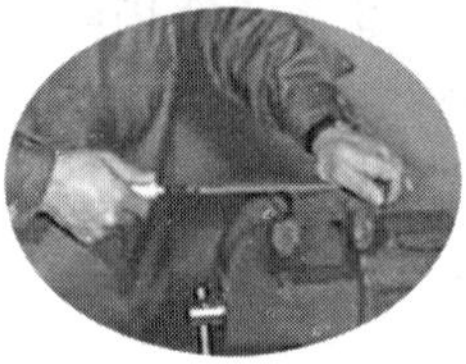	10	铆接	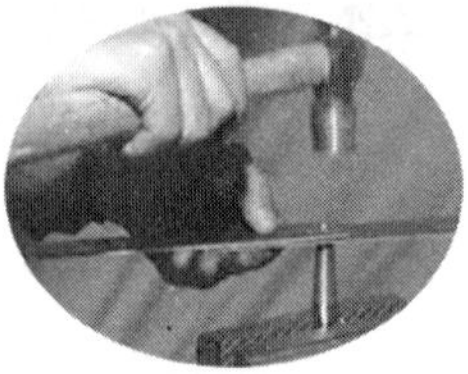
6	孔加工		11	刮削	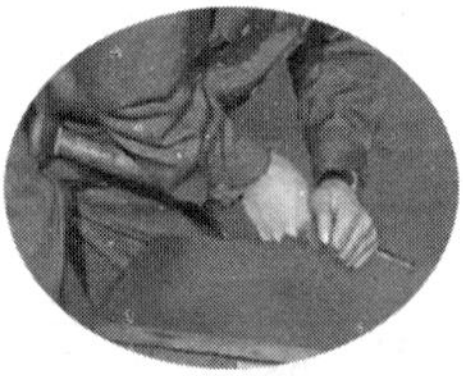
7	螺纹加工	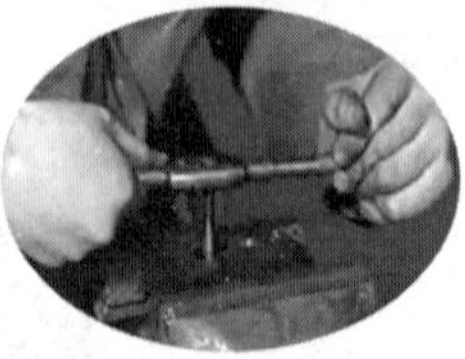	12	研磨	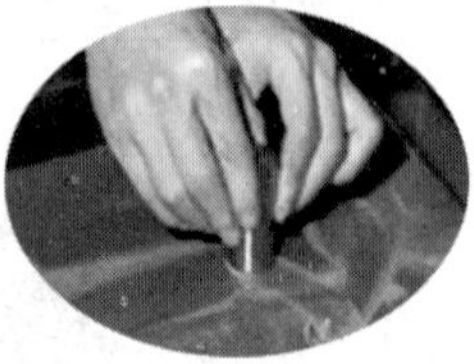

二、钳工的主要任务

钳工在掌握各项基本操作技能后，主要可以完成加工零件、装配、设备维修、工具的制造和修理等工作，见表 1-2。

表 1-2　　　　钳工的主要任务

序号	任务内容	图示	说明
1	加工零件	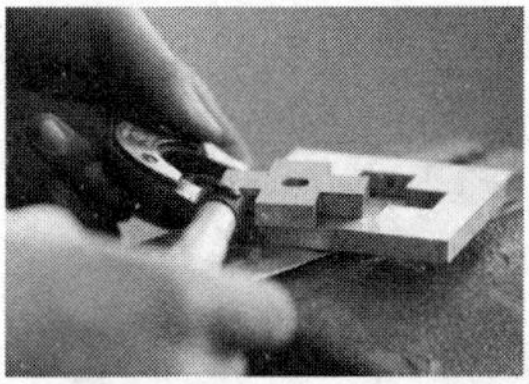	一些采用机械方法不适宜或不能解决的加工，如零件加工过程中的划线、检验和修配等，都可由钳工来完成
2	装配		把零件和部件按机械设备的装配技术要求进行组件、部件装配和总装配，并经过调整、检验和试车等，使之成为合格的机械设备
3	设备维修	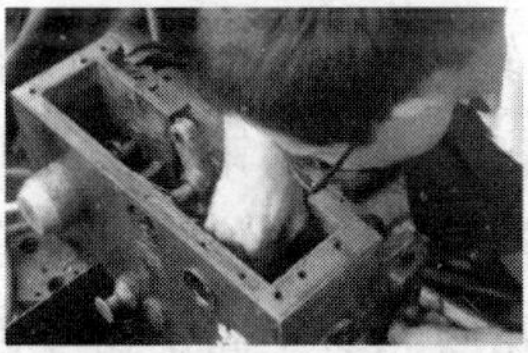	当机械设备在使用过程中发生机械故障、出现损坏或长期使用后精度降低，影响使用时，通常要由钳工进行修理和保养
4	工具的制造和修理		制造和修理各种工具、夹具、量具、模具及各种专用设备是钳工工作任务之一

模块2　钳工常用设备

一、台虎钳

台虎钳是用来夹持工件的通用夹具，常用的台虎钳有回转式和固定式两种，如图1-1所示。

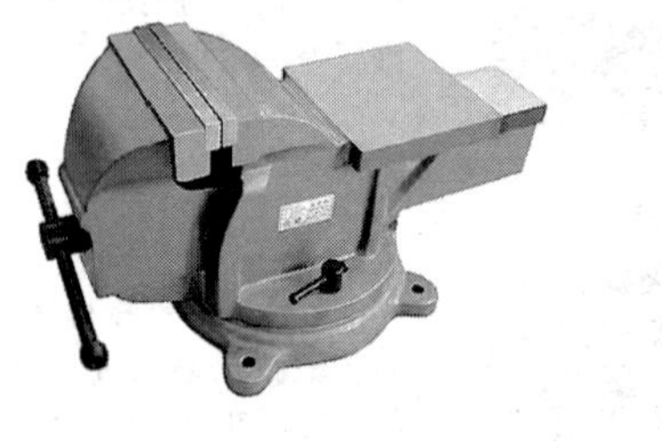

a）回转式

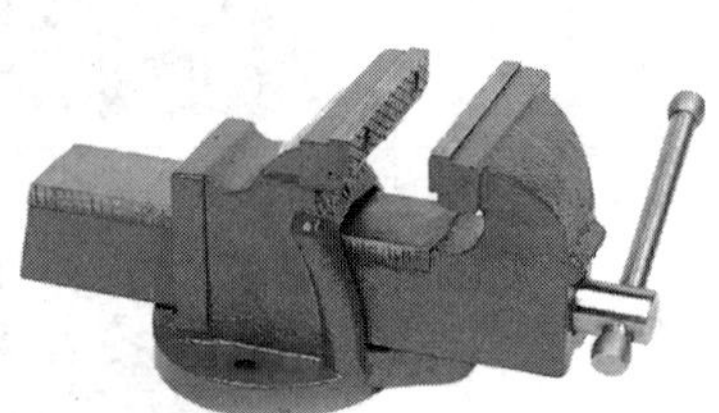

b）固定式

图1-1　台虎钳

1. 台虎钳的结构与工作原理

以应用较为广泛的回转式台虎钳为例介绍台虎钳的结构，如图1-2所示，台虎钳的丝杠装在活动钳身上，可以旋转，但不能轴向移动，并与安装在固定钳身内的丝杠螺母配合。当摇动手柄使丝杠旋转，就可以带动活动钳身相对于固定钳身做轴向移动，起夹紧或放松的作用。弹簧借助挡圈和开口销固定在丝杠上，其作用是当放松丝杠时，可使活动钳身及时地退出。在固定钳身和活动钳身上，各装有钢制钳口，并用螺钉固定。钳口的工作面上制有交叉的网纹，使工件夹紧后不易产生滑动。钳口经过热处理淬硬，具有较好的耐磨性。

回转式台虎钳的固定钳身装在转座上，并能绕转座轴心线转动，

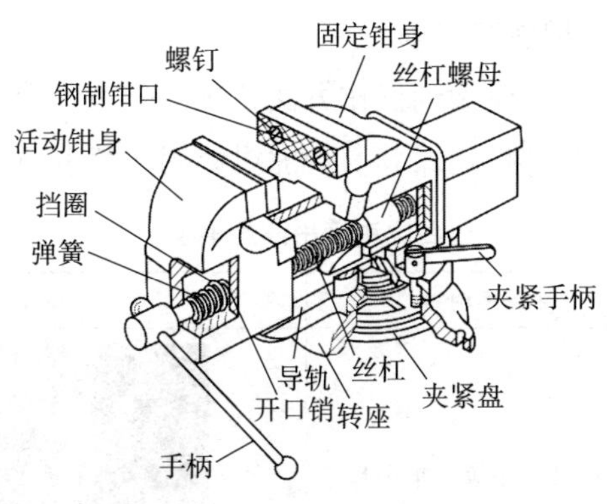

图 1-2　回转式台虎钳的结构

当转到要求的方向时，扳动夹紧手柄使夹紧螺钉旋紧，便可在夹紧盘的作用下把固定钳身紧固。转座上有三个螺栓孔，用于与钳桌固定。

固定式台虎钳的结构与回转式台虎钳结构大致相同，只是固定式台虎钳的底座部分没有转座和夹紧盘，台虎钳安装后，只能在固定位置进行操作。

2. 台虎钳的规格

台虎钳的规格以钳口的宽度表示，如图 1-3 所示。常用有 100 mm、125 mm、150 mm 等。

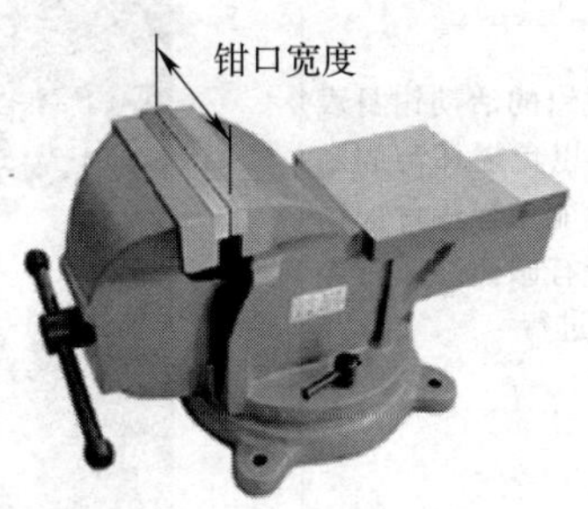

图 1-3　台虎钳的规格

3. 台虎钳使用注意事项

使用台虎钳时，应做到操作方法正确、规范，台虎钳使用完毕，需对其进行必要的维护与保养。台虎钳使用注意事项见表 1–3。

表 1–3　　　　台虎钳使用注意事项

序号	注意事项	图示
1	台虎钳必须正确、牢固地安装在钳桌上	
2	回转式台虎钳调整好操作位置后，必须锁紧夹紧手柄，保证操作位置的稳定	
3	不要在台虎钳的活动钳身表面进行敲打，以免损坏与固定钳身的配合性能，有些台虎钳固定钳身上带有砧座，敲击操作可在砧座上进行	  ×错误 √正确

续表

序号	注意事项	图示
4	台虎钳夹紧时，只能用手扳紧手柄夹紧工件，既不能用套筒接长手柄加力也不能用手锤敲击手柄，以防损坏台虎钳的零件	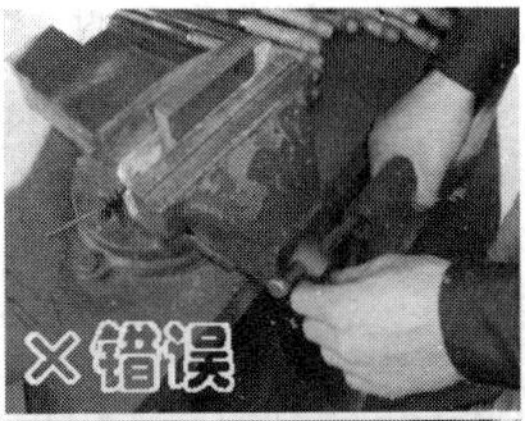  ×错误 ×错误
5	工件的装夹应尽量在钳口的中部，以使钳口受力均衡，夹紧后的工件应稳固可靠	
6	台虎钳需经常清理，保持钳身表面的清洁，同时，台虎钳丝杠及螺母需定期涂抹润滑油，保持台虎钳动作顺畅，以延长台虎钳的使用寿命	 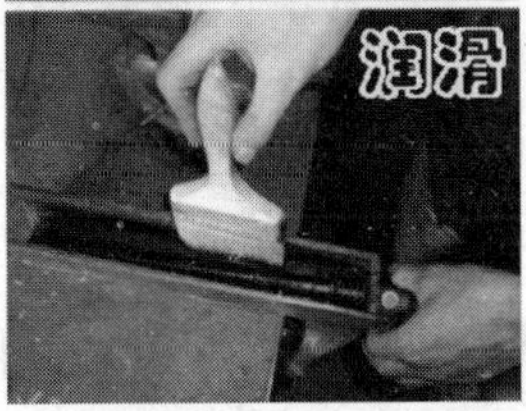 清理 润滑

二、钳桌

钳桌用来安装台虎钳、放置工量具和工件，如图 1-4 所示。一般会在钳桌前方安装有防护网，以防止操作中铁屑飞溅，避免发生人身事故。

钳桌的高度通常为 800~900 mm，在安装台虎钳后其整个高度与操作者工作时的高度应相适应，一般以钳口高度与操作者肘部齐平为宜，即操作者直身站立，肘部放置在台虎钳钳口最高点处并呈握拳状态，拳面刚好抵住操作者下颚，如图 1-5 所示。

提示

通常钳工常用的工具，如锉刀、手锤等放置在台虎钳的左边或右边；量具放置在台虎钳的前面，以方便操作者取用。工具与量具不可混放。

图 1-4　钳桌

图 1-5　钳桌的高度

三、砂轮机

砂轮机主要用于刃磨各种金属切削刀具、工件或材料上的毛刺、表面氧化皮等，按外形不同，砂轮机分台式砂轮机和立式砂轮机两种，如图 1-6 所示。

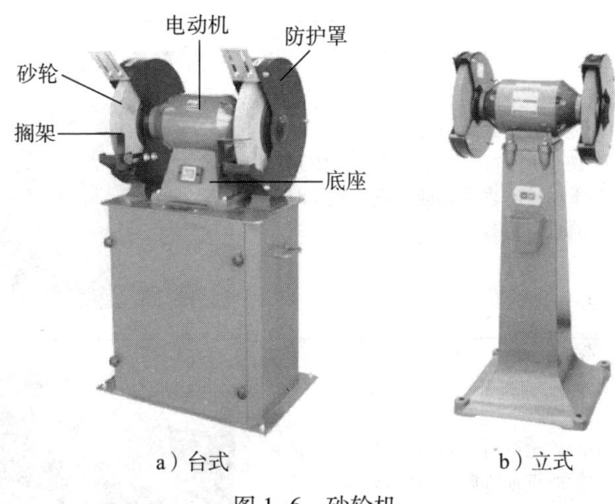

a）台式　　b）立式

图 1-6　砂轮机

砂轮机主要由电动机、砂轮、底座组成，通常在砂轮机上还需安装防护罩和搁架，以保证操作者的安全。台式砂轮机底座须稳固地安装在工作台上，立式砂轮机底座直接立于工作场地，底座必须用地脚螺栓与地基牢固连接，以保证砂轮机稳定工作。

由于砂轮的质地硬而脆，且工作时转速较高，因此，在使用砂轮机时应注意安全，以防发生砂轮碎裂，造成人身事故。砂轮机使用注意事项见表 1-4。

表 1-4　砂轮机使用注意事项

序号	注意事项	图示
1	砂轮机启动后，不可立即进行磨削操作，应等砂轮转速和振动达到稳定后再进行	

续表

序号	注意事项	图示
2	砂轮旋转方向必须与旋转方向指示牌相符，使磨屑向下方飞离砂轮，使用时，若发现砂轮表面跳动严重，应及时用修整器进行修整	
3	使用时砂轮机时，操作者尽量不要站立在砂轮的直径方向，而应站立在砂轮的侧面或斜侧位置，万一发生意外时，使操作者所受伤害最小	
4	砂轮机的搁架与砂轮之间的距离一般应保持在 3 mm 之内，否则容易造成磨削件被砂轮轧入的事故，同时，加工操作时，不准将磨削件与砂轮猛烈撞击或在砂轮上施加过大的压力，以免砂轮碎裂	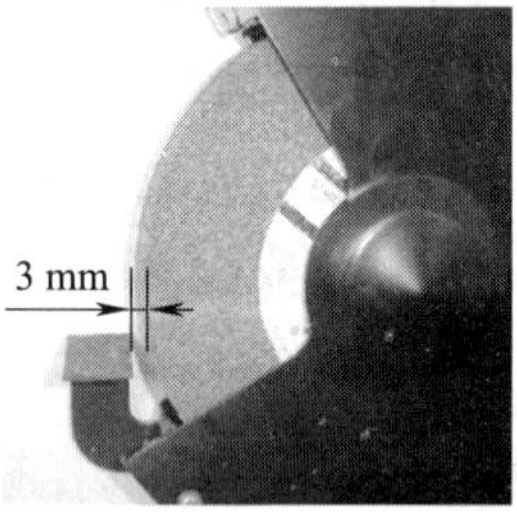 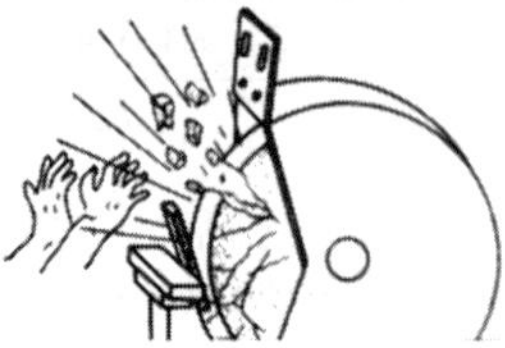 3 mm

模块 3　学习钳工技能的方法及生产操作要求

一、学习钳工技能的方法

钳工操作技能项目较多，各项技能的学习掌握又具有一定的相互依赖关系，因此，在练习时必须循序渐进，由易到难，一步一步地对每项操作技能进行掌握，不能偏废任何一项，同时，还需操作者做到遵守操作要求，具有吃苦耐劳的精神，只有这样，才能较好地掌握钳工技能。

二、钳工生产操作要求

钳工生产操作要求见表 1–5。

表 1–5　　钳工生产操作要求

序号	操作要求	图示
1	生产现场的所有物品需进行区分，且摆放整齐，而生产不需要的物品应及时清除或放置在其他地方，如储藏柜、仓库等	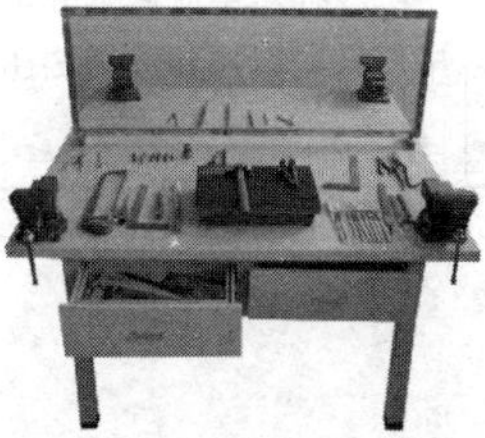
2	生产需要的物品放置在生产现场时，必须做到物品定量、定位放置，并摆放整齐，必要时加以标识	

续表

序号	操作要求	图示
3	生产现场及生产用的设备需经常清理、维护，并保持生产现场干净、整洁	
4	生产操作人员需遵守作息时间，按时到岗，生产操作前应穿戴好工作服，工作服穿戴要求如下： （1）工作服袖口必须扎紧 （2）工作服必须穿戴整齐，下摆须收紧 （3）工作期间，必须着防砸工作鞋，不能穿拖鞋、凉鞋等，以防止工作中，零件掉落，砸伤脚部 （4）操作过程中，为防止头发卷入旋转机床，造成人身事故，操作者须戴好工作帽	
5	领用生产用的工量具应及时办理领用手续，使用中应做到爱护公物，使用完毕应及时归还并办理归还手续	

模块 4　技能训练

一、训练内容

（1）参观实训车间。

（2）明确各人实训工位，并领取工量具。

（3）对自己工位上的台虎钳进行拆装和保养。

二、训练要求

通过擦拭、清理、润滑、调整等一般方法对台虎钳进行拆装和保养，以维持台虎钳的使用性能。台虎钳保养时的要求有：

（1）台虎钳内外整洁，各滑动表面、丝杠、螺母、弹簧等处无油污，台虎钳周围的切屑、杂物、脏物必须清理干净。

（2）对台虎钳的配合表面、丝杠、螺母等处加注润滑油，确保这些部位处于润滑状态。

（3）台虎钳拆装时须做到认真细致，零件摆放有序，杜绝野蛮操作。

（4）对台虎钳表面进行润滑时，不可用手直接涂抹润滑油，而应使用油刷、油壶等辅助工具，遵守安全操作规程，保证自身和设备的安全。

第2单元

测　量

测量的实质是将被测量对象的参数与具有计量单位的标准量进行比较的过程，如图 2-1 所示。

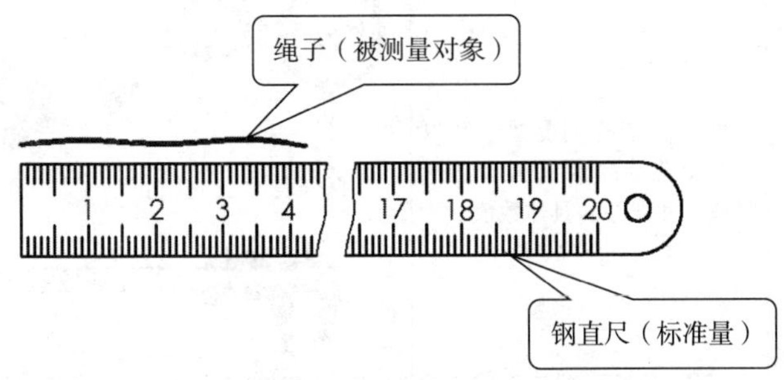

图 2-1　测量

在测量的过程中必须有一个精密准确的基准，即单位基准。我国的基本计量制度为米制，法定的长度单位名称和符号见表 2-1。

表 2-1　　我国法定长度单位名称和符号

单位名称	符号	与基准单位的换算关系
米	m	基准单位
分米	dm	1×10^{-1} m
厘米	cm	1×10^{-2} m
毫米	mm	1×10^{-3} m
微米	μm	1×10^{-6} m

模块 1　钳工常用量具

根据使用特性不同，钳工常用的量具可以分为三类，见表 2-2。

表 2-2　　钳工常用量具分类

分类	说明	常用量具举例
万能量具	量具上带有刻度线，可以在测量范围内测量出零件形状或尺寸误差的具体数值	百分表　千分尺　量角器 游标卡尺
专用量具	量具没有刻度线，无法测量出零件的实际尺寸，但可以用来测定零件的形状或尺寸是否合格	刀口形直尺　刀口形角尺 半径规
标准量具	这类量具通常用来校对或调整其他量具，也可以用来作为标准与被测量对象进行比较	量块

一、游标卡尺

游标卡尺是一种中等精度的量具，其结构如图 2-2 所示。

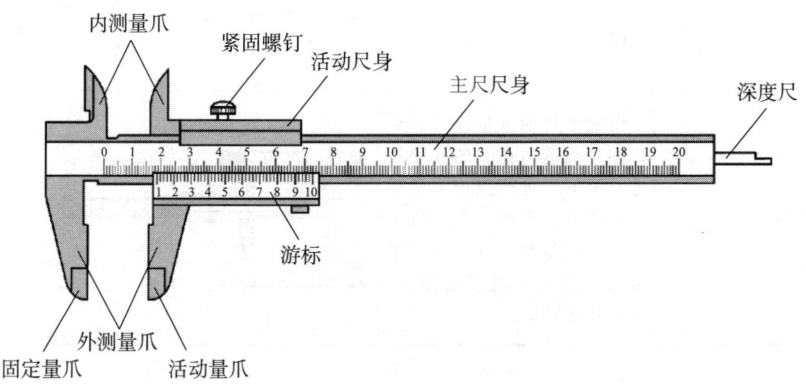

图 2-2 游标卡尺的结构

游标卡尺的活动尺身可以沿主尺尺身移动，主尺尺身上装有固定量爪，活动尺身上装有活动量爪，随着活动尺身的移动，量爪之间相互配合，可以用来测量零件的轴类尺寸、孔类尺寸、深度类尺寸以及测量孔距尺寸，见表 2-3。

表 2-3　　游标卡尺的测量应用

应用类型	说明	图示
测量轴类尺寸	利用游标卡尺的外测量爪可以测量零件的轴类尺寸，如长度、宽度、高度尺寸以及轴的外圆直径等	
测量孔类尺寸	利用游标卡尺的内测量爪可以测量零件的孔类尺寸，如孔的内径、槽的宽度等	

续表

应用类型	说明	图示
测量 深度类尺寸	利用游标卡尺的深度尺可以测量孔的深度、槽的深度、台阶的深度等	
测量孔距尺寸	游标卡尺的量爪还可以用来间接测量两孔间的孔距尺寸，为了尽可能减小测量误差，量爪上都加工有刀口形部分，测量时，可以减少量爪与孔壁表面的接触面积，提高测量精度	

1. 游标卡尺的测量精度

游标卡尺主尺尺身上每一小格为 1 mm，当两量爪合并时，游标上的 50 小格正好与主尺尺身上的 49 mm 相对正，如图 2-3 所示。

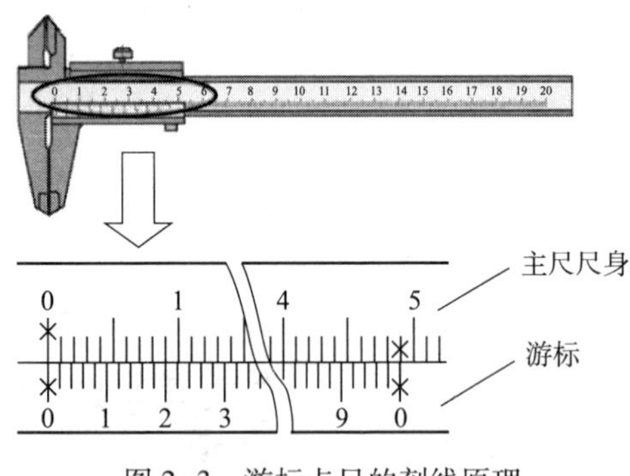

图 2-3　游标卡尺的刻线原理

因此，主尺尺身与游标每小格之差为：

$$1-\frac{49}{50}=0.02(\mathrm{mm})$$

即该游标卡尺的刻线精度为 0. 02 mm，游标卡尺的测量精度则为±0. 02 mm。

2. 游标卡尺的读数方法

游标卡尺的读数方法见表 2-4。

表 2-4　　　　游标卡尺的读数方法

实例：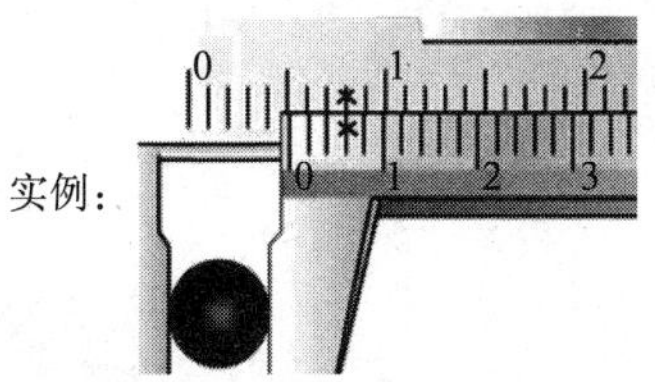

测量步骤	测量说明	读数方法
第一步	读出游标上零线左面主尺尺身上的毫米整数	上图中主尺尺身上毫米整数为：5 mm
第二步	读出游标上哪一条刻度线与固定尺身上某刻度线对齐	上图中游标自零位线向右第三格刻度线与主尺尺身刻度线对齐
第三步	把主尺尺身和游标上的尺寸加起来即为测得的尺寸	主尺尺身尺寸：5 mm 游标尺寸：3（格）×0. 02 mm 读数为：5+3×0. 02=5. 06 mm

3. 游标卡尺的测量要点

游标卡尺的测量要点见表 2-5。

表 2-5　　　　游标卡尺的测量要点

序号	测量要点	图示
1	测量前，应把测量表面和被测量面擦拭干净并检查游标卡尺的零位精度，以免影响测量精度	

续表

序号	测量要点	图示
2	测量时，游标卡尺的量爪必须与零件上的被测表面完全接触，避免量爪倾斜，否则测量结果不正确	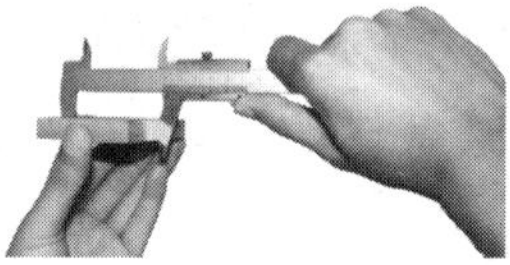 正确 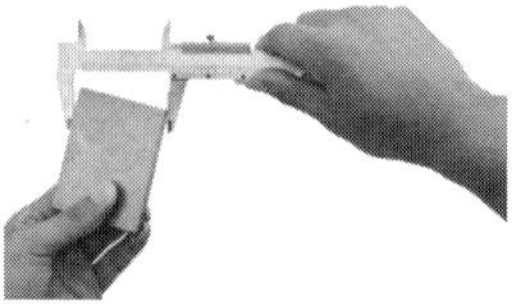 错误
3	读数时，游标卡尺刻线应尽量与视线平齐，以保证读数的准确性	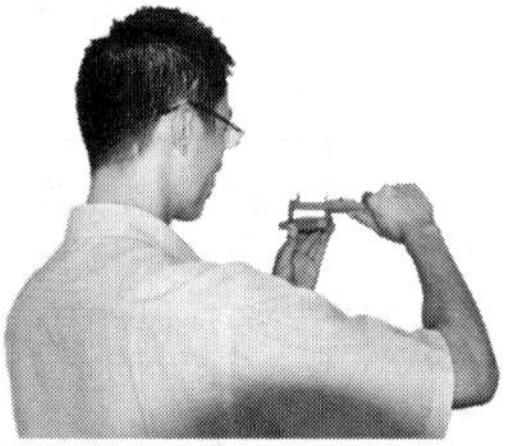
4	避免使用游标卡尺测量毛坯零件（如铸造件、锻造件等），否则容易使量具很快磨损而失去精度	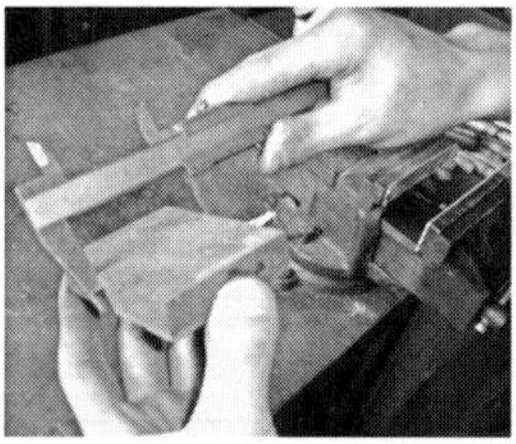
5	表面温度>40 ℃的零件（如气割后未完全冷却的零件）应避免使用游标卡尺进行测量，以免使量具受热变形，影响量具测量精度 同时游标卡尺测量的零件尺寸精度应控制在IT10~IT16以内	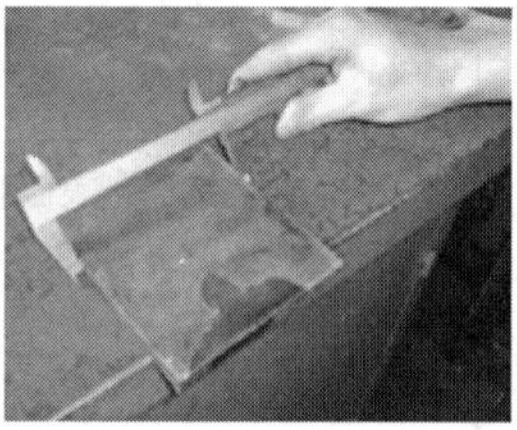

4. 其他游标卡尺介绍

深度游标卡尺主要用于测量孔、槽的深度以及阶台的高度，如图 2-4 所示。深度游标卡尺的读数方法与普通游标卡尺的读数方法相同。

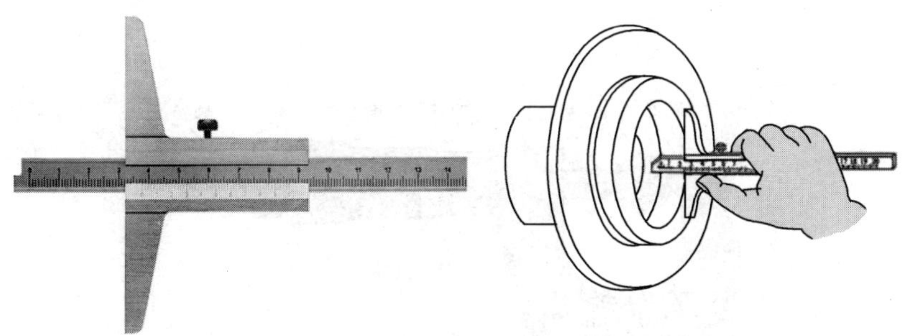

图 2-4　深度游标卡尺

为了方便操作者进行读数，有些游标卡尺还带有读数表盘（见图 2-5）或数字显示器（见图 2-6），这些游标卡尺读数时产生的示值误差比普通游标卡尺小得多，更容易保证测量精度。

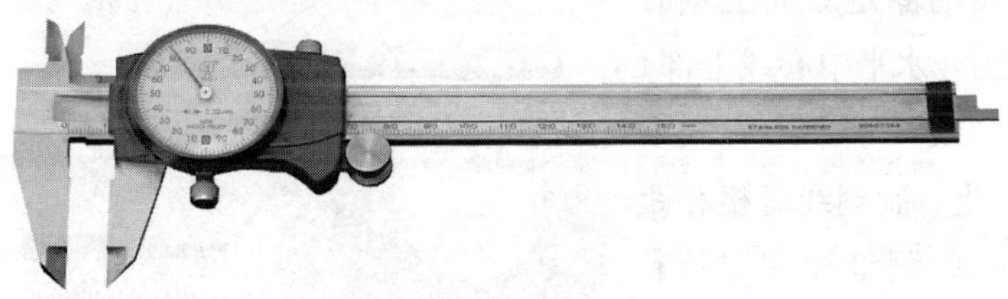

图 2-5　带读数表盘的游标卡尺

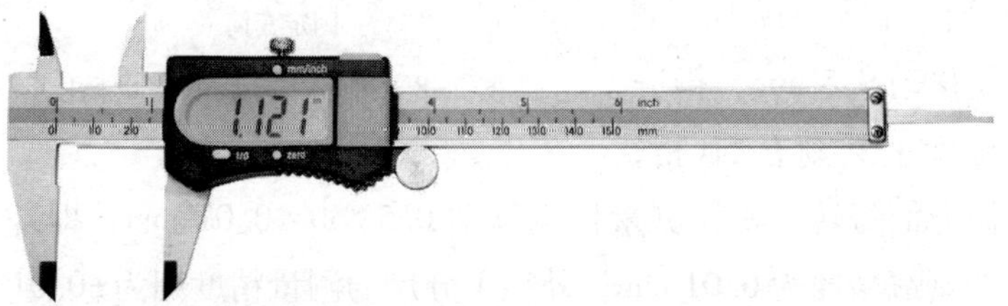

图 2-6　带数字显示器的游标卡尺

二、外径千分尺

外径千分尺是用来测量轴类尺寸的一种较为精密的量具，它的测量精度高于游标卡尺，而且测量比较灵敏。外径千分尺的结构如图 2-7 所示。

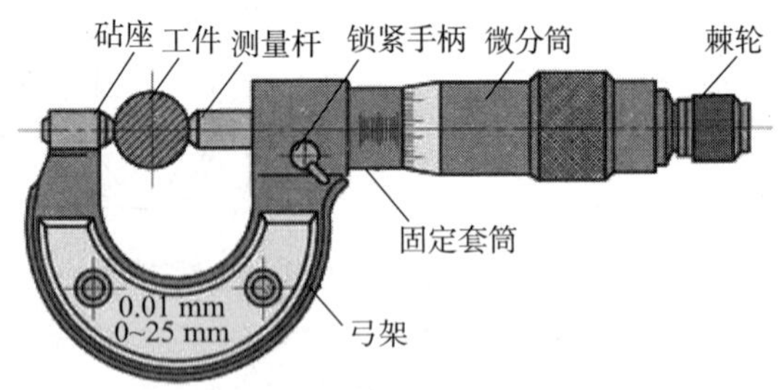

图 2-7　外径千分尺的结构

1. 外径千分尺的测量精度

如图 2-8 所示，外径千分尺的固定套筒上刻有主刻线（水平中心线上部）和副刻线（水平中心线下部），主、副刻线每格相距 0.5 mm，测量杆右端带有螺纹，其螺距为 0.5 mm，当微分筒旋转一周时，测量杆就移动 0.5 mm，微分筒圆锥面上共刻有 50 格，因此微分筒每转一格，测量杆就移动 0.5÷50＝0.01 mm，即外径千分尺的刻线精度为 0.01 mm，外径千分尺的测量精度则为±0.01 mm。

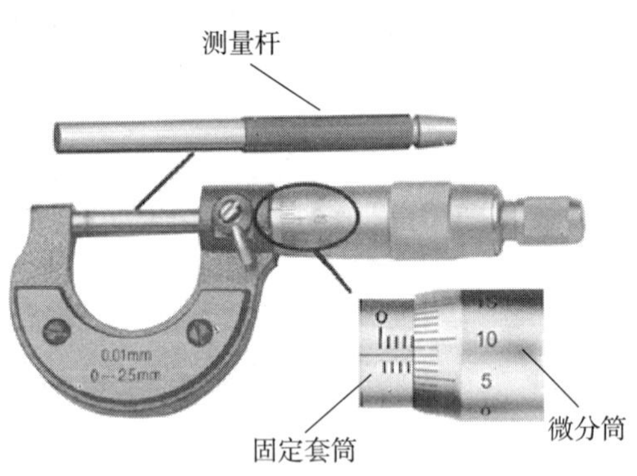

图 2-8　外径千分尺的测量精度

2. 外径千分尺的读数方法

外径千分尺的读数方法见表 2–6。

表 2–6　　　　外径千分尺的读数方法

实例：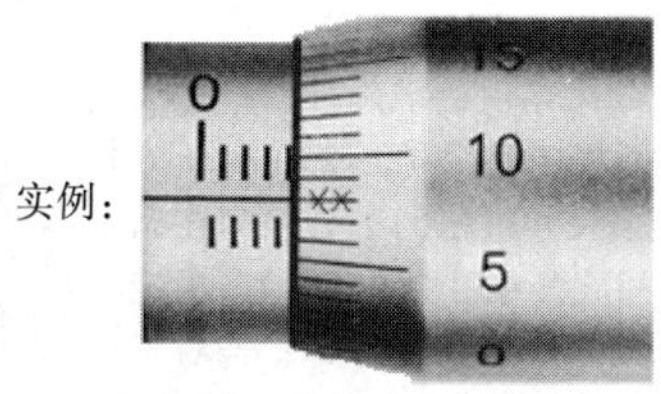

测量步骤	测量说明	读数方法
第一步	读出微分筒边缘在固定套筒主、副刻线处的毫米数和 0.5 毫米数	上图中固定套筒上毫米数为：4 mm
第二步	看微分筒上哪一格与固定套筒上基准线对齐，并读出不足 0.5 毫米的数	上图中微分筒上自零位线向上第 8 格刻度线与主尺尺身刻度线对齐
第三步	把两个读数加起来就是测得的实际尺寸	固定套筒尺寸：4 mm 微分筒尺寸：8（格）×0.01 mm 读数为：4+8×0.01=4.08 mm

3. 外径千分尺的测量要点

外径千分尺的测量要点见表 2–7。

表 2–7　　　　外径千分尺的测量要点

序号	测量要点	图示
1	外径千分尺的规格按测量范围分，有 0～25 mm、25～50 mm、50～75 mm、75～100 mm、100～125 mm 等。使用时，需根据被测零件的尺寸选用	

续表

序号	测量要点	图示
2	测量前应检查千分尺零位的准确性，千分尺的砧座与测量杆平面相接触后（0~25 mm 千分尺能直接接触，其余尺寸规格的千分尺需在砧座与测量杆平面之间放置专用检验芯棒），固定套筒零位线与微分筒零位线必须对齐，若对不齐，说明千分尺存在误差，需送交计量室检定	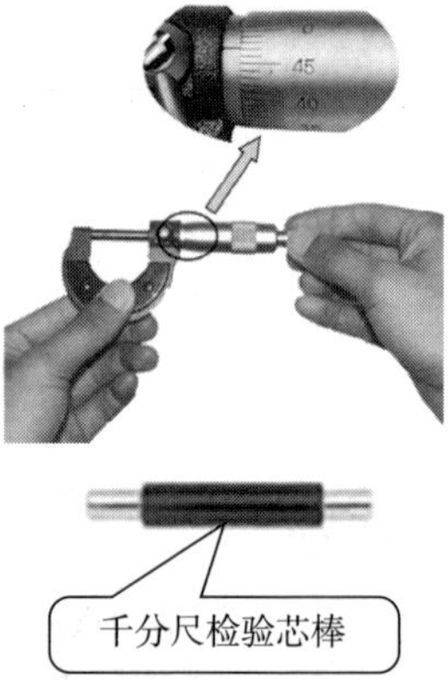 千分尺检验芯棒
3	为防止测量时产生不必要的误差，测量前，应将千分尺砧座、测量杆表面以及零件的被测量面清理干净，可以用毛刷或不易产生棉屑的纯棉布对量具和零件进行清理，但不可以采用棉纱，以免棉屑掉到测量面上，造成新的测量误差	
4	初学者使用千分尺测量时，建议采用双手进行测量，其测量方法为： 左手握住千分尺弓架，使砧座与零件测量面相接触，右手向上旋动千分尺的棘轮装置，测量杆随棘轮装置旋转，逐步与零件测量面接触，在听到棘轮装置发出“咔咔”声后，可以进行读数 松开千分尺时，应旋动微分筒，不可再旋动棘轮装置，以防棘轮装置旋松脱落	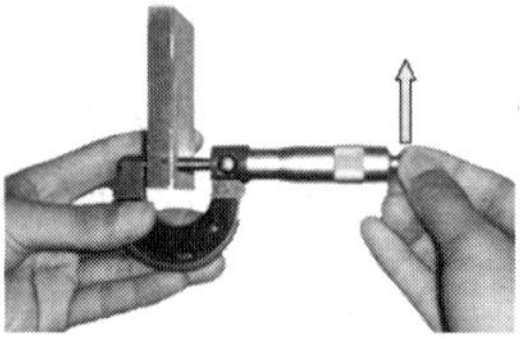 测量时 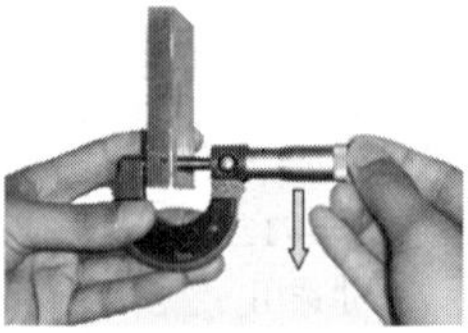 松开时

续表

序号	测量要点	图示
5	单手握持千分尺进行测量时，应使用小拇指和无名指配合稳固握持千分尺，并使用大拇指和食指旋转微分筒前端滚花处，测量时应控制好测量力度，以免造成测量误差	
6	为提高测量的准确性，平面上选择的测量点数不可过少，一般选择测量面的四角及中间共五个测量点，若测量面较大，可在此基础上适当增加测量点数；若测量面较小，则至少选择测量面的两头及中间共三个测量点	

4. 其他千分尺

如图 2-9 所示为螺纹千分尺，螺纹千分尺主要用于测量螺纹的中径尺寸，测量时需要根据不同的螺距选用相应的测量头。

如图 2-10 所示为公法线千分尺，公法线千分尺主要用于测量齿轮的公法线长度，两个测量砧的测量面为两个互相平行的圆形平面。

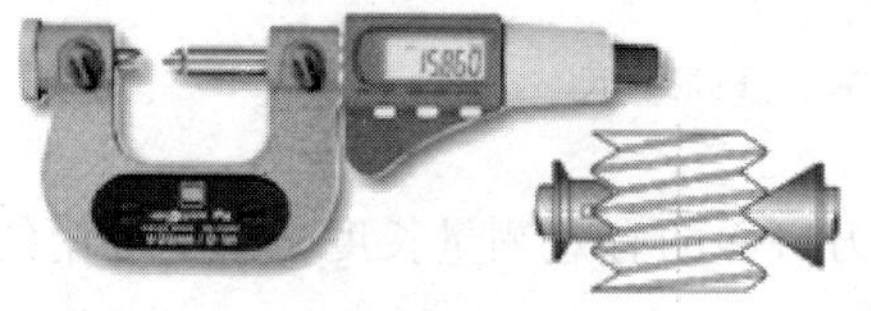

图 2-9　螺纹千分尺

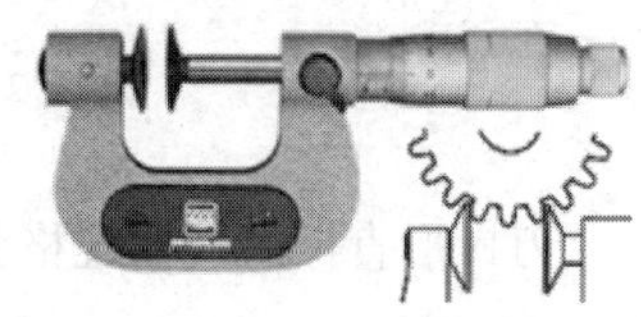

图 2-10　公法线千分尺

如图 2-11 所示为深度千分尺，深度千分尺没有弓架，主要用于深度类尺寸的测量。

如图 2-12 所示为内径千分尺，内径千分尺主要用于测量孔类尺寸，如测量孔径、沟槽宽度等。

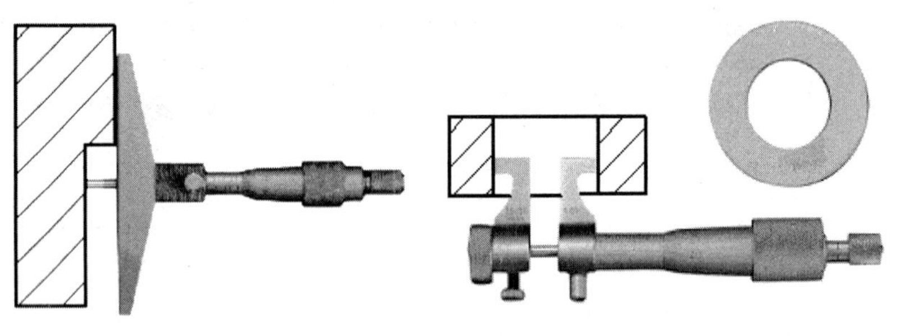

图 2-11　深度千分尺　　图 2-12　内径千分尺

三、刀口形直尺

刀口形直尺通常用来测量小型零件的平面度与直线度误差，如图 2-13 所示。

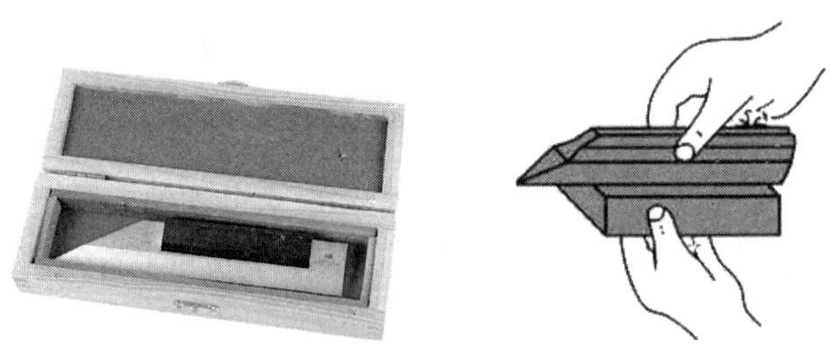

图 2-13　刀口形直尺

刀口形直尺的尺寸规格为刀口面的有效测量长度，钳工常用的规格有 100 mm、150 mm、200 mm 等。选择刀口形直尺主要依据零件被测量表面的长度，为了保证测量的准确性，刀口形直尺的有效测量长度应略大于零件被测量面的长度。

为提高测量准确性，刀口形直尺测量时应注意以下几点：

（1）测量时，应使刀口形直尺与被测表面垂直（可在±20°的范围内倾斜），以确保测量误差的真实性，并在被测表面的纵向、横向和对角方向等多处逐一进行测量，以确定各个方向的直线度误差，如图 2-14 所示。

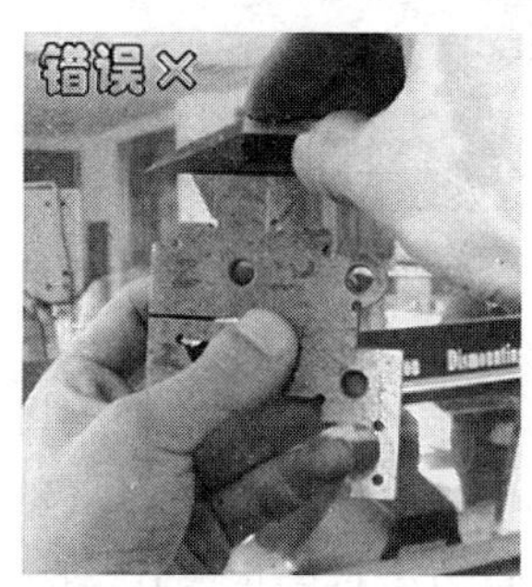

图 2-14 测量直线度

提示

将刀口形直尺垂直放置在零件被测表面上进行测量，测量平面度时，还需将刀口形直尺沿被测表面的纵向、横向以及对角等方向逐一测量，以便综合判断零件的平面度质量。

（2）被测零件的平面度和直线度误差的判断方法常采用透光法，测量时，面对有效光源（如自然光源、日光灯），通过透过的光隙判断测量误差，如图 2-15 所示。

提示

采用透光法判断零件平面度时，如果刀口形直尺与被测零件平面之间透光微弱且均匀，说明该方向直线度误差较小；如果透光强弱不一，说明该方向误差较大。

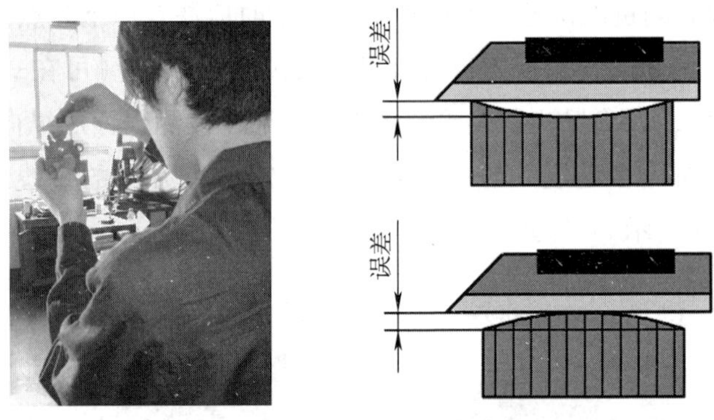

图 2-15　透光法判断直线度误差

（3）在被测表面上改变测量位置时，不能在零件表面上来回拖动，而应提起刀口形直尺后再轻放至另一测量位置，否则，刀口形直尺的测量面容易磨损，从而降低其测量精度。

四、刀口形直角尺

刀口形直角尺主要用来测量相邻两面之间垂直度（90° 角）误差，如图 2-16 所示。

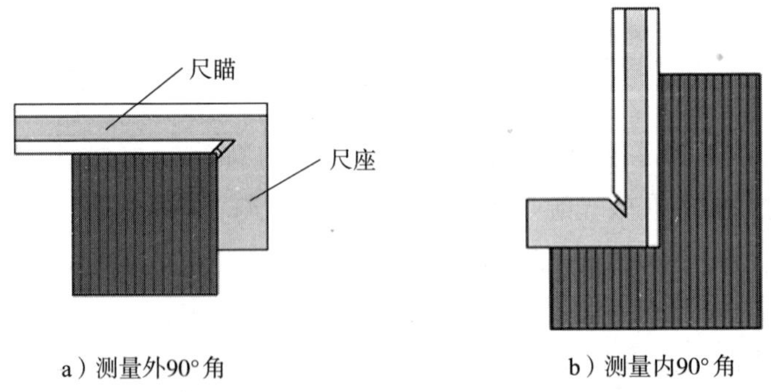

图 2-16　刀口形直角尺

刀口形直角尺由尺座和尺瞄两部分组成，尺座部分是测量时的基准面，尺瞄部分是测量面。

为提高测量准确性，刀口形直角尺测量时应注意以下几点：

（1）测量前，应先将量具表面和工件被测表面擦拭干净，将刀口形直角尺尺座紧贴被测零件的基准面，然后将刀口形直角尺从上向下轻轻移动，使刀口形直角尺的尺瞄部分与零件的被测表面相接触，如图 2-17 所示。

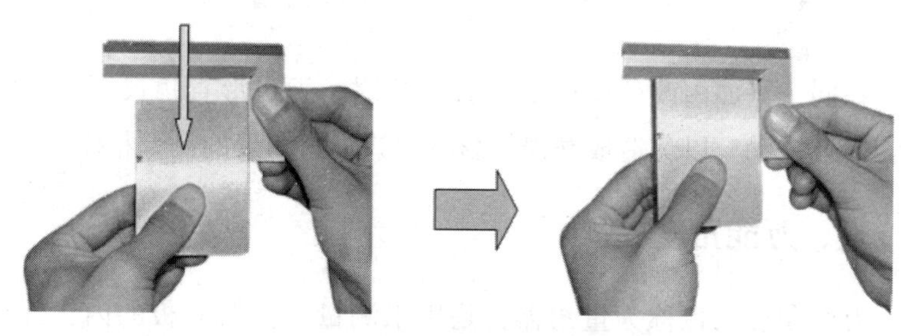

图 2-17　测量垂直度

（2）测量时，眼睛平视观察透光情况，判断零件被测表面与基准表面之间的垂直度误差，如图 2-18 所示。

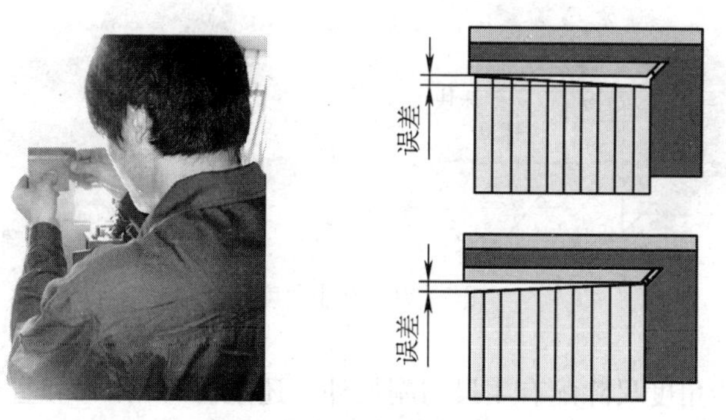

图 2-18　透光法判断垂直度误差

（3）测量时，刀口形直角尺不可斜放，以免造成测量结果不准确，如图 2-19 所示。

a）正确　　b）错误

图 2-19　刀口形直角尺需摆放正确

在同一平面内改变不同的检查位置时，刀口形直角尺不可在零件表面上拖动，以免造成磨损，影响刀口形直角尺的测量精度。

五、万能角度尺

万能角度尺也称为量角器，是用来测量工件及样板的内、外角度的量具，如图 2-20 所示。

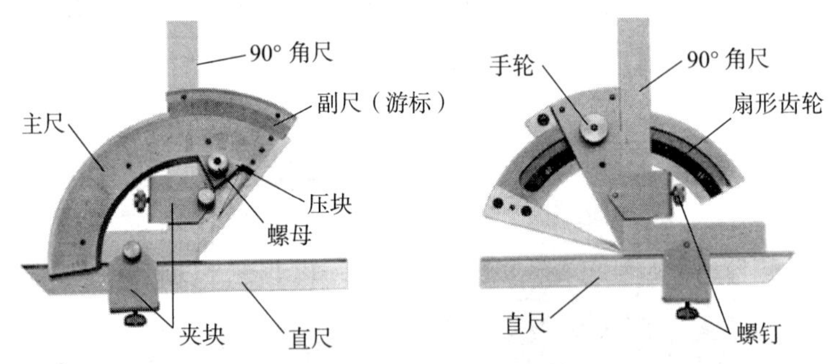

图 2-20　万能角度尺

万能角度尺除配有主尺与副尺外，还配有 90°角尺和直尺，通过 90°角尺和直尺的自由组合，万能角度尺可以测量的角度范围为 0~320°，见表 2-8。

表 2-8 万能角度尺的测量范围

测量范围	角尺与直尺组合说明	图示
0～50°	90°角尺（√） 直尺（√）	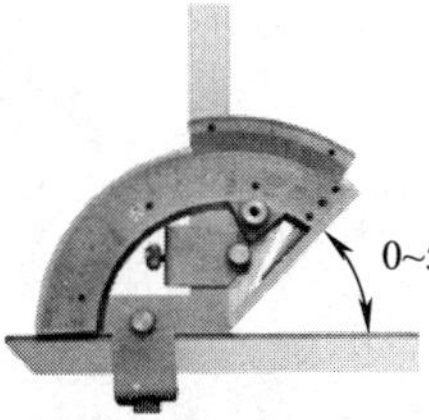 0~50°
50°～140°	90°角尺（×） 直尺（√）	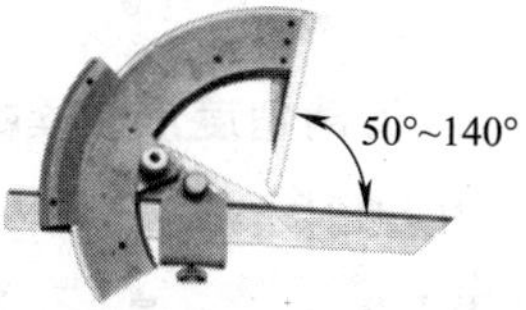 50°~140°
140°～230°	90°角尺（√） 直尺（×）	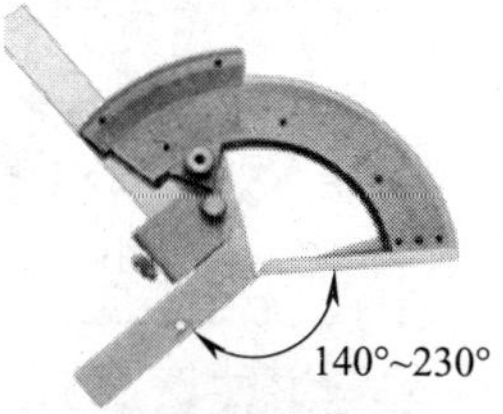 140°~230°
230°～320°	90°角尺（×） 直尺（×）	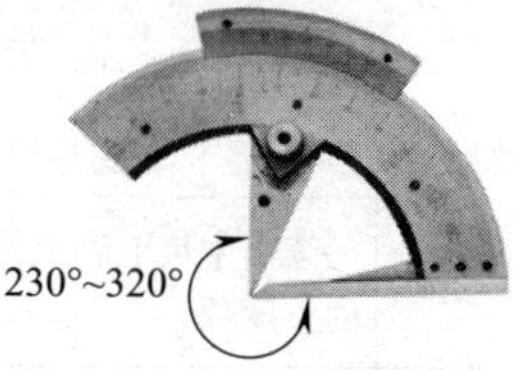 230°~320°

1. 万能角度尺的测量精度

万能角度尺主尺刻线每格 1°，副尺（游标）上共刻有 30 小格，并与主尺上 29°刻线相对齐，如图 2-21 所示。

因此，万能角度尺副尺（游标）上每格所对的角度为（29/30）°，主尺每格与副尺（游标）每格相差 $1°-\frac{29°}{30}=2'$，即万能角度尺的刻线精度为 2′，测量精度为±2′。

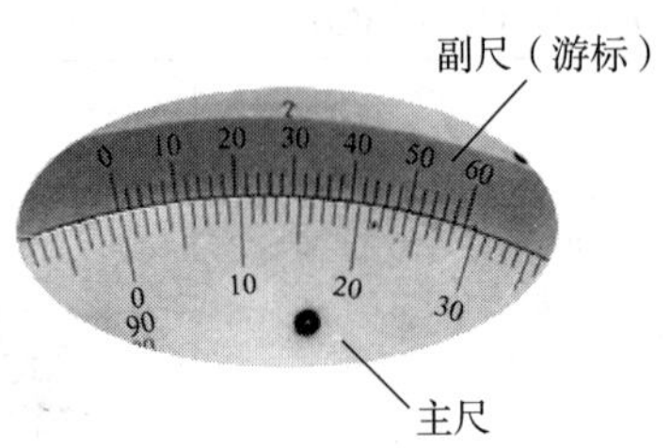

图 2-21　万能角度尺的测量精度

2. 万能角度尺的读数方法

万能角度尺的读数方法见表 2-9。

表 2-9　　万能角度尺的读数方法

实例：

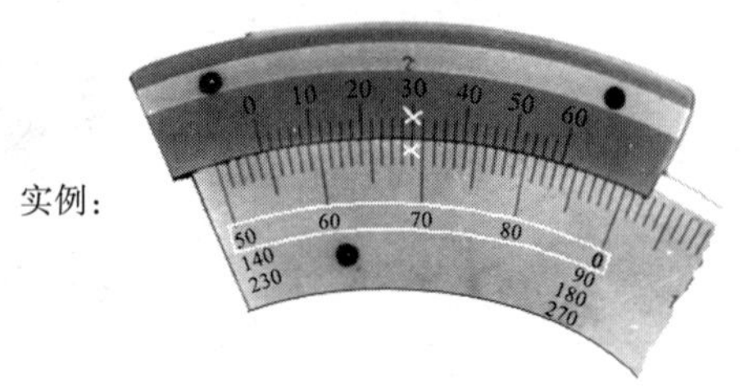

注：读数以主尺第一排角度数值为例。

测量步骤	测量说明	读数方法
第一步	读出主尺上副尺（游标）零线前的整度数	上图中主尺上的整度数为：54°
第二步	看副尺（游标）上哪一格刻线与主尺刻线对齐	上图副尺（游标）第 15 格刻线与主尺刻线对齐
第三步	把两个读数加起来就是所测的角度数值	主尺度数：54° 副尺（游标）度数：15（格）×2′ 角度数值为：54°+15×2′=54°30′

3. 万能角度尺的测量要点

万能角度尺测量角度时的测量要点见表 2-10。

表 2-10 万能角度尺的测量要点

序号	测量要点	图示
1	由于万能角度尺存在刻线误差，在测量前应先检测其误差值，可利用刀口形直角尺作为直角样板，校准万能角度尺	
2	可通过转动万能角度尺背面的手轮，利用小齿轮转动扇形齿轮，使副尺相对主尺产生转动，从而改变万能角度尺的测量角度 调整角度时，需把万能角度尺的误差考虑在内	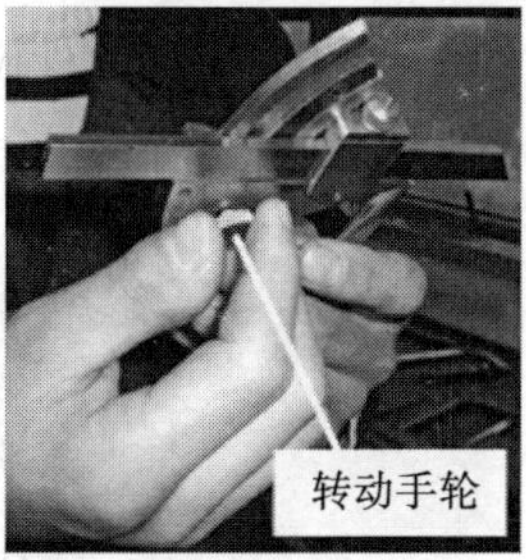 转动手轮
3	测量角度调节完毕后，须拧紧螺母，以锁定测量角度，防止在测量时，测量角度发生变化	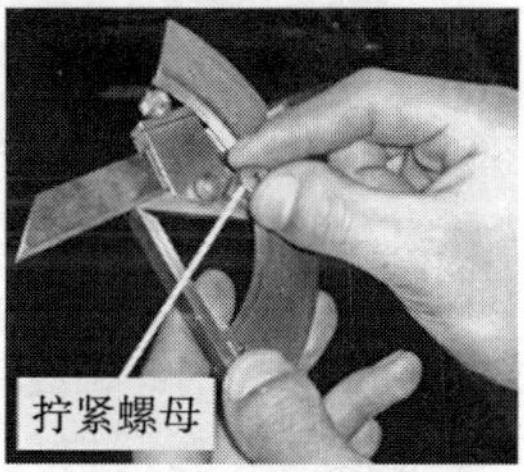 拧紧螺母
4	测量时，应将万能角度尺垂直于零件被测表面，如有倾斜，将直接影响零件的测量精度	

六、半径规

半径规也称为 R 规，是钳工用来检验零件内外圆弧的量具，如图 2–22 所示。

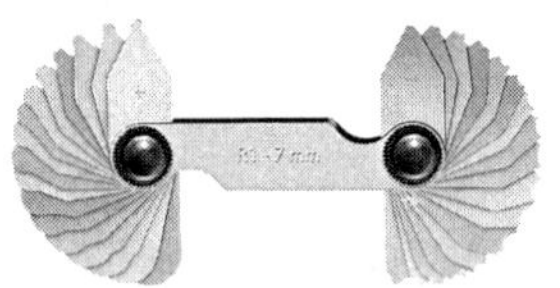

图 2–22 半径规

钳工常用的半径规测量范围有 *R*1 ~ *R*6. 5 mm、*R*7 ~ *R*14. 5 mm、*R*15 ~ *R*25 mm 等，使用时，可根据被测圆弧半径选用半径规。

使用半径规检验零件圆弧精度时，应使半径规垂直于零件被测表面，否则将影响测量的准确性，如图 2–23 所示。

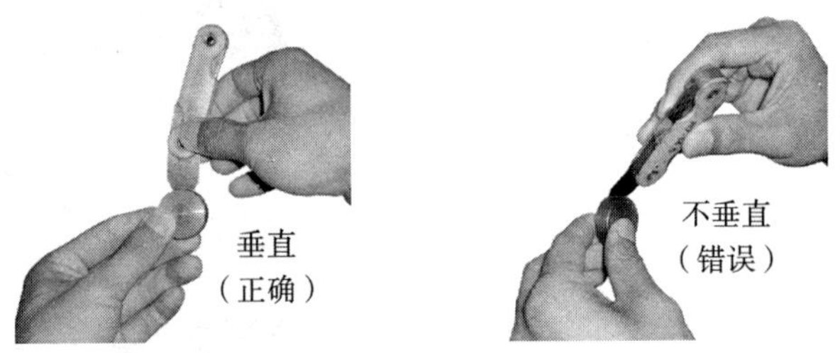

图 2–23 半径规使用要领

用半径规测量时，可采用透光法判断被测零件圆弧误差，如图 2–24 所示。

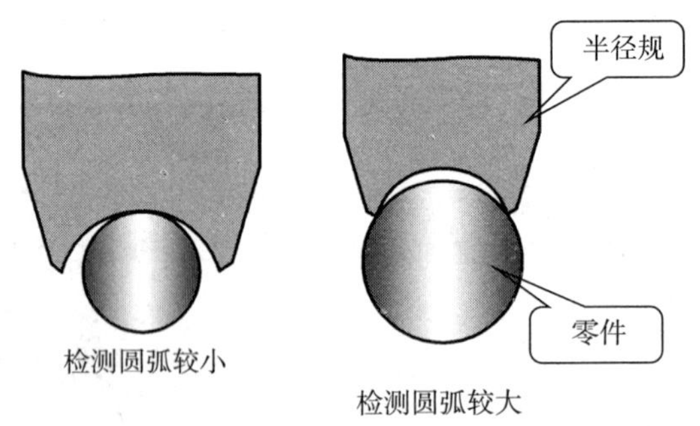

图 2–24 透光法判断圆弧误差

当透过的光隙小且均匀，说明零件圆弧误差较小，反之，说明零件圆弧误差较大。

七、百分表

1. 普通外径百分表

（1）普通外径百分表的结构。普通外径百分表结构如图 2-25 所示，其测量精度一般可达±0. 01 mm，即长指针绕刻度盘圆周方向转动一格，测量杆沿轴线方向移动 0. 01 mm。

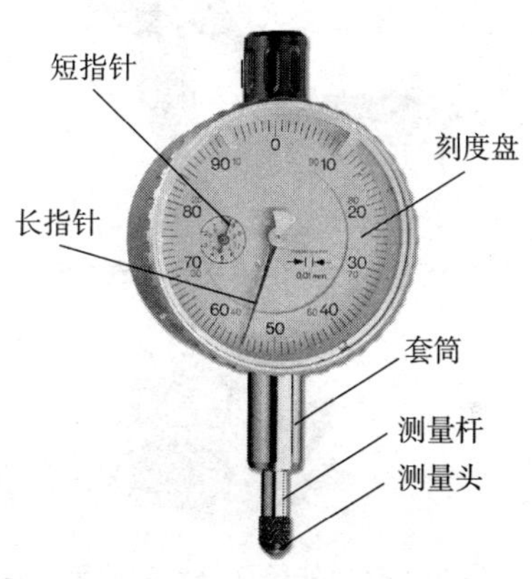

图 2-25 普通外径百分表

提示

刻度盘可以 360°旋转，根据长指针停留位置不同，旋转刻度盘可以得到不同测量起始点，即零位点，方便操作者使用。

普通外径百分表使用时需通过装夹杆将百分表固定在表架或磁性表座上，如图 2-26 所示。

提示

磁性表座带有安装百分表的附件，使用时可以通过附件调整百分表的安装位置。

磁性表座可以牢牢地吸附在金属质地的测量平板上，使百分表测量时的位置稳定而牢固。

图 2-26　普通外径百分表的使用方法

（2）普通外径百分表的测量方法。以零件平行度误差测量为例，普通外径百分表测量方法见表 2-11。

表 2-11　　百分表测量方法

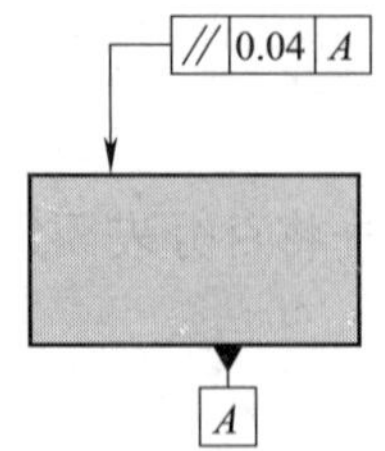

注：以零件平行度误差测量为例。

续表

测量步骤	测量说明	图示
第一步	调整百分表测量位置，为防止测量时测量杆移动量超出测量范围，可使测量杆压入零件测量面深度控制在 0.2 mm 左右	
第二步	转动百分表刻度盘，使起点测量位置处的读数为“0”	
第三步	缓慢移动零件（测量面全长移动），观察长指针的转动格数，以“0”刻线为基准，顺时针转动读“+”，逆时针转动读“-”	
第四步	找出测量格数的最大值和最小值，按公式 |（最大格数）-（最小格数）| 计算，即可判断出零件的测量误差 误差格数为：|（+6）-（-3）| = 9（格） 误差为：9×0.01 = 0.09 mm 判断：此零件平行度误差不合格	 最大格数：+6格  最小格数：–3格

（3）百分表使用时的注意要点。普通外径百分表在使用时，需注意以下几点：

1）普通外径百分表主要用来测量零件的外轮廓表面，使用时必须使测量杆与零件被测表面相垂直，如图2-27所示。

a）正确

b）错误

图2-27 普通外径百分表的测量位置

2）测量时，零件在测量平板上拖动速度应适当，避免因拖动速度过快造成测量误差的加大。

2. 其他常用百分表

其他常用百分表有数显百分表、内径百分表、杠杆式百分表等，如图2-28所示。内径百分表由百分表和内量杠杆式测量架组成，用于测量孔的直径和孔的形位误差，特别适宜于深孔的测量。杠杆百分表小巧灵活，常用于车床、磨床上校正工件的安装位置，或用于小孔测量，尤其是百分表放不进去或测量杆无法垂直于工件被测表面时，使用杠杆百分表十分方便。

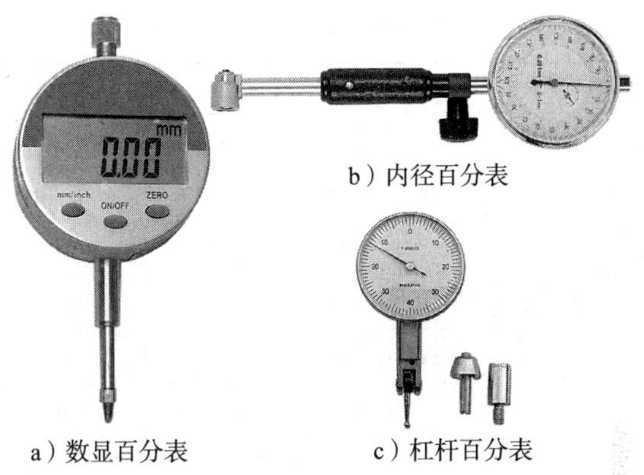

b）内径百分表

a）数显百分表

c）杠杆百分表

图 2-28　其他百分表

八、量块

量块是机械制造业中长度类尺寸的标准，如图 2-29 所示。量块可以对量具进行检验校正，当量块与其他量具配合使用时，还可以测量某些精度要求较高的零件尺寸。常用成套量块尺寸系列见表 2-12。

图 2-29　量块

提示

量块规格以每套量块块数不同加以区分，钳工常用的成套量块有 91 块/套、83 块/套、46 块/套、38 块/套。

表 2-12　　常用成套量块尺寸系列

序号	成套量块总块数	尺寸系列/mm	间隔/mm	块数
1	91	0.5，1	—	2
		1.001，1.002，…，1.009	0.001	9
		1.01，1.02，…，1.49	0.01	49
		1.5，1.6，…，1.9	0.1	5
		2.0，2.5，…，9.5	0.5	16
		10，20，…，100	10	10
2	83	0.5，1，1.005	—	3
		1.01，1.02，…，1.49	0.01	49
		1.5，1.6，…，1.9	0.1	5
		2.0，2.5，…，9.5	0.5	16
		10，20，…，100	10	10
3	46	1	—	1
		1.001，1.002，…，1.009	0.001	9
		1.01，1.02，…，1.09	0.01	9
		1.1，1.2，…，1.9	0.1	9
		2，3，…，9	1	8
		10，20，…，100	10	10
4	38	1，1.005	—	2
		1.01，1.02，…，1.09	0.01	9
		1.1，1.2，…，1.9	0.1	9
		2，3，…，9	1	8
		10，20，…，100	10	10

量块的主要工作面是一对相互平行而且平面度误差极小的平面，且主要工作面具有较高的研合性，因此可以把不同基本尺寸的量块组合成量块组，得到所需要的尺寸，如图 2-30 所示。

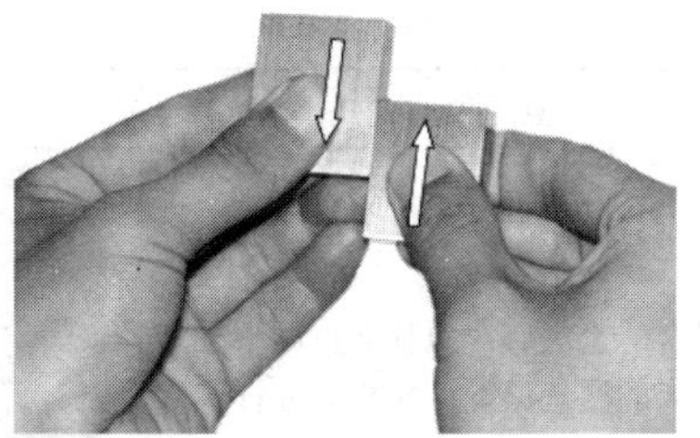

图 2-30 量块组合

提示

量块研合会产生微量的尺寸误差，因此，应控制量块研合的数量，量块数量选用越少，则累计误差越小。

钳工在使用量块时，常常使之与百分表配合使用，以此，可以用来测量零件尺寸，其测量方法见表 2-13。

表 2-13　　零件尺寸的测量方法

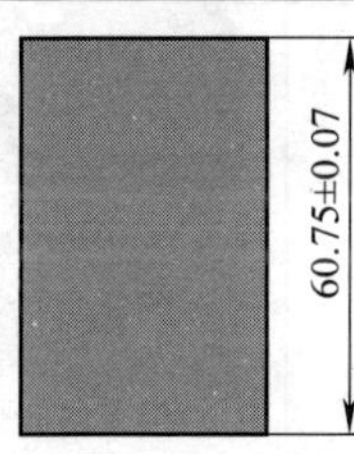

注：以零件 60.75 尺寸测量为例。

测量步骤	测量说明	图示
第一步	选用 83 块一套的量块，并根据零件测量尺寸，组合量块尺寸： 60.75 − 1.25 − 9.5 − 50 ———— 0 选用 1.25，9.5，50（共计 3 块量块）予以组合尺寸	

续表

测量步骤	测量说明	图示
第二步	以组合的量块尺寸为基准，调整杠杆式百分表的测量位置，并校对杠杆式百分表指针“0”位	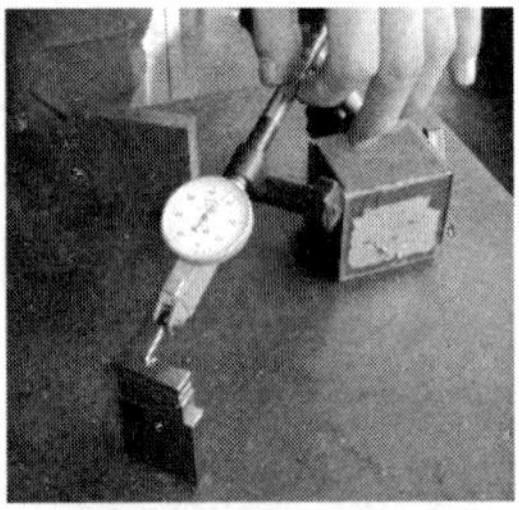
第三步	利用杠杆式百分表在零件测量面的全长范围内检测出读数最大值格数和读数最小值格数	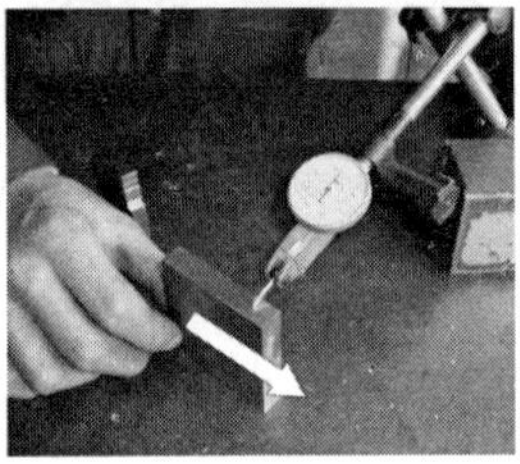
第四步	零件尺寸为： 最大尺寸 = 60.75+5.5×0.01 = 60.805 mm 最小尺寸 = 60.75+(−3×0.01) = 60.72 mm 经过检测判断可知：该零件 60.75 mm 尺寸，符合加工要求	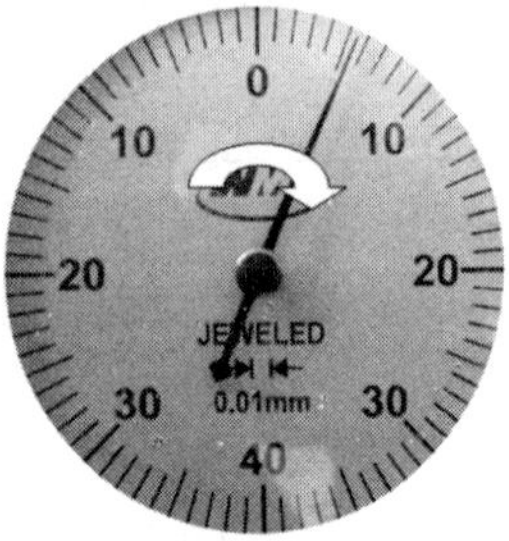 最大格数为：+5.5格  最小格数为：−3格

九、塞尺

塞尺是用来检验两个配合面之间间隙大小的片状定值量具，如图2-31所示。每套塞尺由若干测量片组成，每个测量片有两个平行的测量平面。当测量片厚度为0.03～0.1 mm时，中间每片相隔0.01 mm；当测量片厚度为0.1～1 mm时，中间每片相隔0.05 mm。

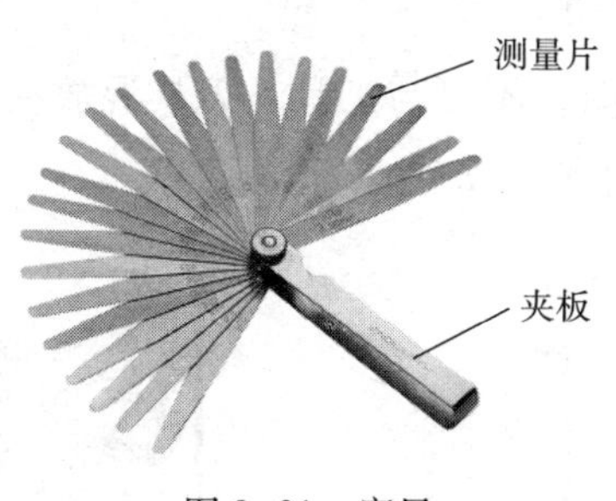

图2-31 塞尺

使用塞尺时，应注意以下要求：

（1）测量时，根据被测配合面间隙的大小选用一片或若干片测量片重叠在一起插入间隙内，并判断间隙是否符合要求，如图2-32所示。如使用0.05 mm测量片可以塞入配合面，但使用0.06 mm测量片无法塞入配合面，则可判断配合面间隙为0.06 mm>间隙>0.05 mm。

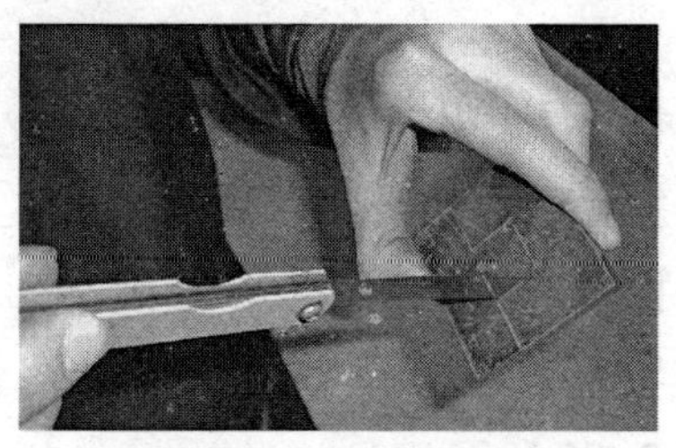

图2-32 使用塞尺检验配合面间隙

（2）由于塞尺的测量片很薄，容易弯曲和折断，测量时不能用力过大。

（3）不能使用塞尺测量温度较高的配合件，以免塞尺受热造成测量片卷曲变形。

（4）塞尺使用完毕应及时擦拭干净并合到夹板中。

十、量具的维护与保养

（1）量具使用时，不可与工具、刃具混放在一起，以免造成量具磨损、测量精度下降，如图 2-33 所示。

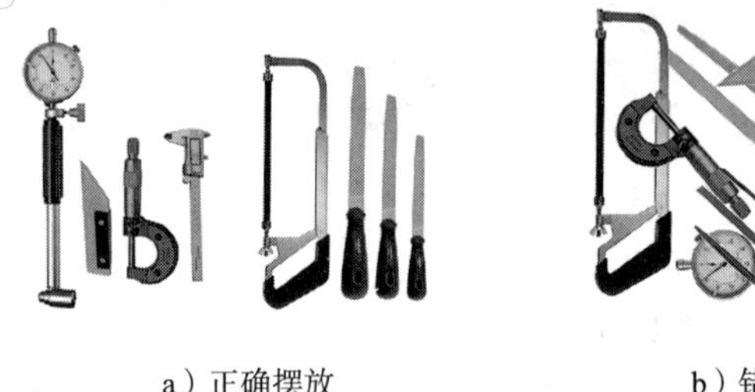

a）正确摆放　　b）错误摆放

图 2-33　量具摆放

（2）量具使用完毕，需及时擦拭干净，涂抹防锈油或防锈脂后，将量具放入专用盒中，并将量具保存于干燥环境中，如图 2-34 所示。

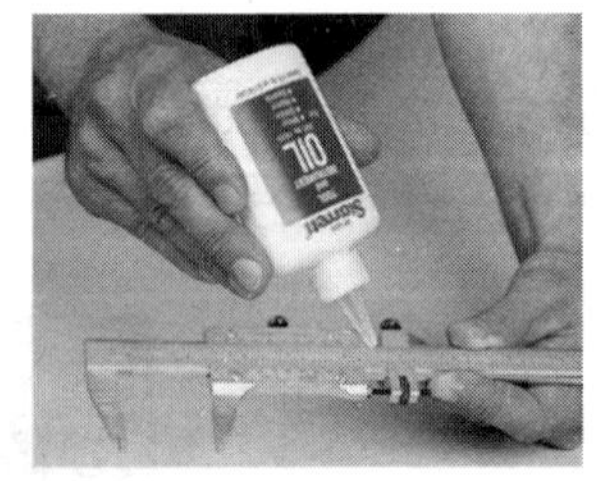

图 2-34　量具的保存

（3）量具长时间不使用，应送交量具室统一保管，如发现量具有不正常现象时应及时送计量室检修，日常使用的量具也应定期送量具室鉴定和保养，以确保量具的测量精度，延长量具的使用寿命，如图 2-35 所示。

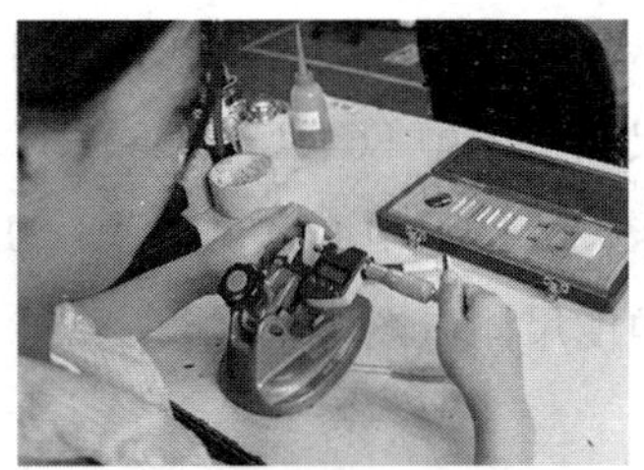

图 2-35　量具定期检测

模块 2　技能训练

一、单燕尾零件测量

1. 训练内容

根据图 2-36 所示单燕尾零件，测量相关尺寸，并做好测量记录。

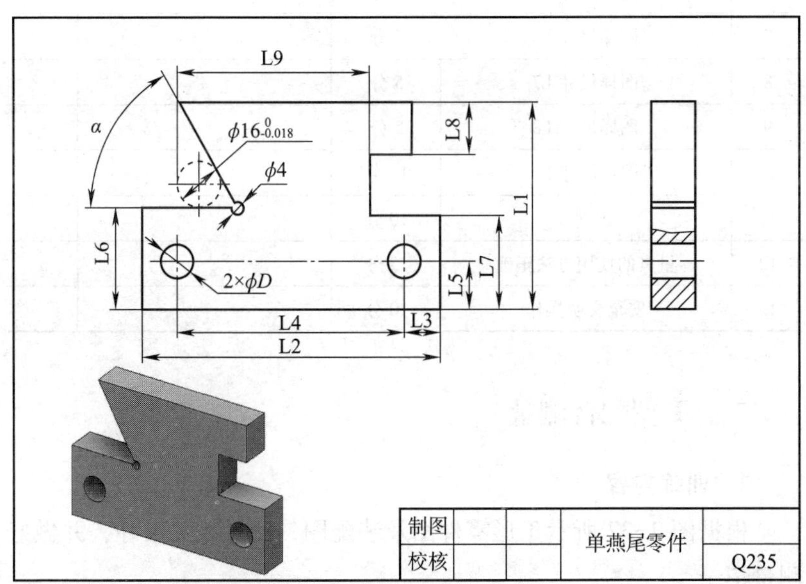

图 2-36　单燕尾零件

（1）使用游标卡尺测量图中 2×ϕD 孔径尺寸。

（2）使用千分尺测量图中 L6、L7、L8、L9 尺寸。

（3）使用游标卡尺测量图中 L1、L2、L3、L4、L5 尺寸。

（4）使用万能角度尺测量图中 α 角度。

2. 技能测评

将测量结果填写在表 2-14 中。

表 2-14　　单燕尾零件测量评分标准

序号	检测项目	配分	检测记录	得分
1	图样尺寸 2×ϕD	5 分×2		
2	图样尺寸 L1	5 分		
3	图样尺寸 L2	5 分		
4	图样尺寸 L3	5 分		
5	图样尺寸 L4	10 分		
6	图样尺寸 L5	5 分		
7	图样尺寸 L6	5 分		
8	图样尺寸 L7	5 分		
9	图样尺寸 L8	5 分		
10	图样尺寸 L9	10 分		
11	角度 α	10 分		
12	量具的使用方法正确	15 分		
13	安全文明操作	10 分		

二、T 型配合测量

1. 训练内容

根据图 2-37 所示 T 形零件图及装配图，测量相关尺寸，并做好测量记录。

20±0.02
0.1 A
0.08
2×ϕ8H9
46±0.03
19±0.02
10±0.1
38 0 -0.04
58 0 -0.05
A
15
制图
校核
T形件1
Q235

a）T形件1

46
27
20
58
15
制图
校核
T形件2
Q235

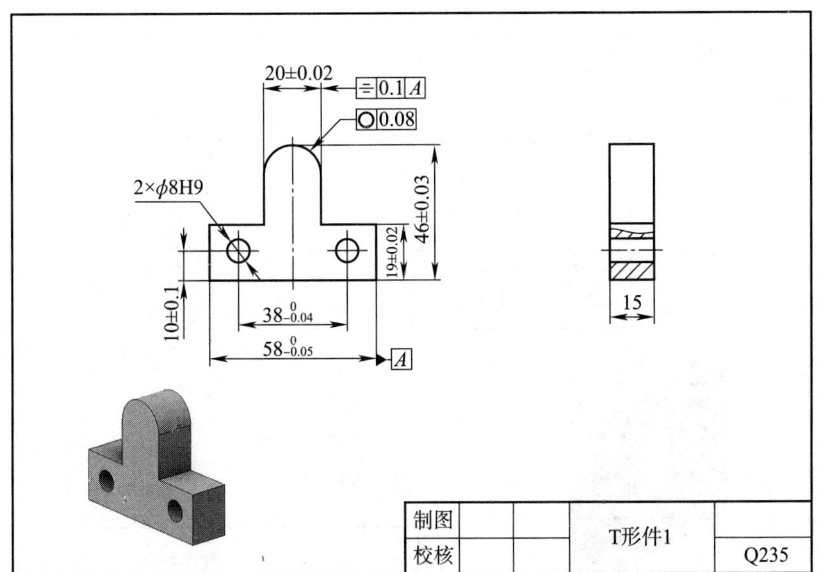

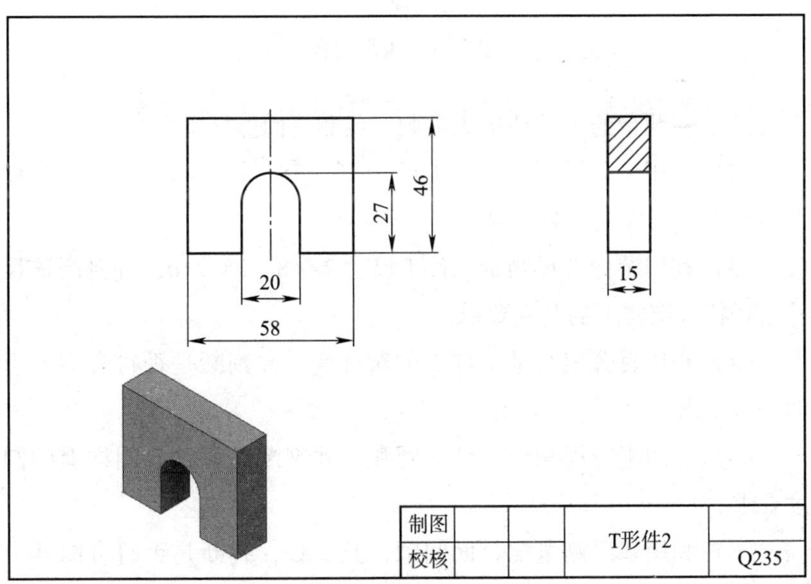

b）T形件2

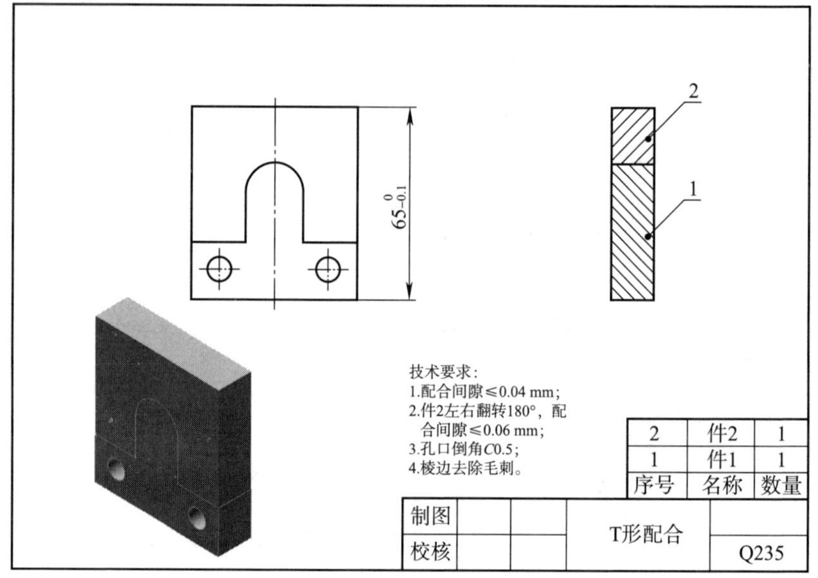

c）配合

图 2-37　T 形配合

（1）将测量的工件棱边去毛刺，各测量面擦拭干净。

（2）利用千分尺测量工件 1 尺寸 20、58、19、46，并判断该尺寸是否符合图样上的公差要求。

（3）利用游标卡尺测量工件 1 尺寸 2×ϕ8、38、10，并判断该尺寸是否符合图样上的公差要求。

（4）利用百分表测量工件 1 的对称度，并判断是否符合图样上的公差要求。

（5）利用半径规测量工件 1 圆弧，并判断是否符合图样上的圆度要求。

（6）利用塞尺测量配合面间隙，共 5 处，判断是否符合图样上的配合要求。

（7）将工件 2 左右翻转 180°后与工件 1 进行配合，利用塞尺测量配合面间隙，共 5 处，判断是否符合图样上的互换配合要求。

（8）利用游标卡尺测量配合尺寸 65，并判断该尺寸是否符合图样上的公差要求。

2. 技能测评

将测量结果填写在表 2-15 中。

表 2-15　　T 形配合测量评分标准

序号	检测项目	配分	检测记录	得分
1	工件 1 尺寸 20	5 分		
2	工件 1 尺寸 58	5 分		
3	工件 1 尺寸 19，共 2 处	5 分×2		
4	工件 1 尺寸 46	5 分		
5	工件 1 尺寸 ϕ8，共 2 处	5 分×2		
6	工件 1 尺寸 38	6 分		
7	工件 1 尺寸 10，共 2 处	5 分×2		
8	对称度	8 分		
9	圆度	6 分		
10	配合间隙，共 5 处	2 分×5		
11	互换配合间隙，共 5 处	2 分×5		
12	配合尺寸 65	5 分		
13	量具的使用方法正确	5 分		
14	安全文明操作	5 分		

第3单元 划线

模块1　划线基本知识

划线是指在毛坯或工件上，用划线工具划出待加工部位的轮廓线或作为基准的点、线，如图3-1所示。

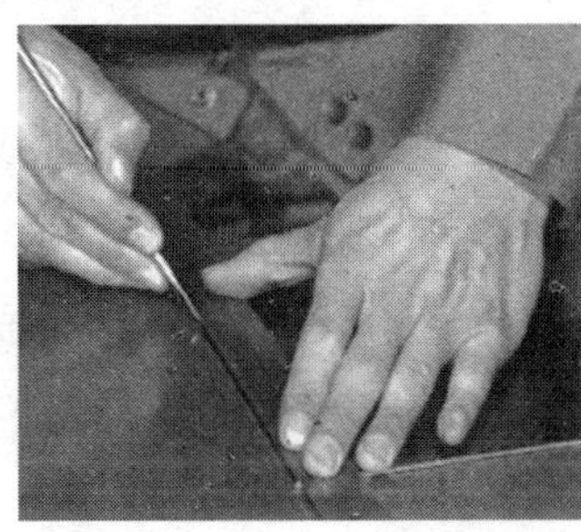
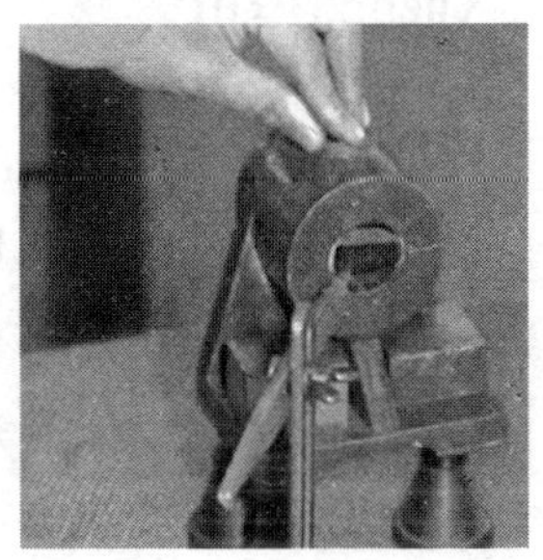

图3-1　划线

一、划线的分类

划线是机械加工时的重要工序之一，广泛应用于单件和小批量生产。根据划线对象不同，划线可以分为平面划线和立体划线两种。

1. 平面划线

平面划线是使用划线工具在零件的一个表面上划出能明确表示零件加工界线的划线方法，如图3-2所示。

2. 立体划线

立体划线是在零件上几个互成不同角度（通常是互相垂直）的表面上划线，才能明确表示加工界线的划线方法，如图3-3所示。

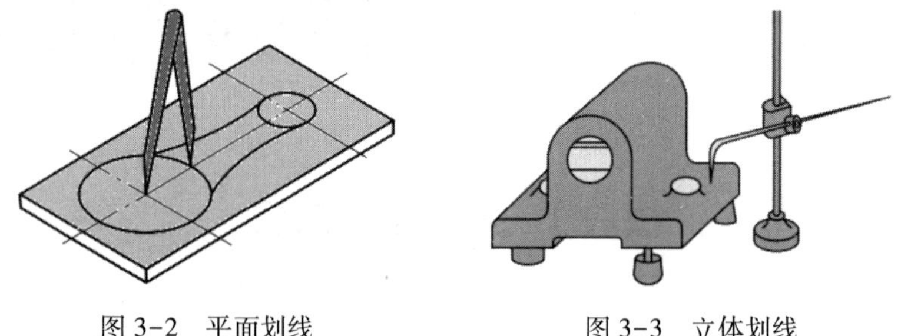

图3-2　平面划线　　　　图3-3　立体划线

二、划线的作用

（1）确定零件的加工余量，使机械加工有明确的尺寸界线。

（2）便于复杂零件在机床上安装，可以按划线校正定位。

（3）能够及时发现和处理不合格的毛坯，避免加工后造成损失。

（4）采用借料划线能使误差不大的毛坯得到补救，使加工后的零件仍能符合要求。

三、划线的要求

划线除要求划出的线条清晰均匀外，最重要的是保证尺寸准确。在立体划线中，还应注意长、宽、高三个方向的线条互相垂直。当划线发生错误或准确度太低时，就有可能造成零件报废。

由于划出的线条总有一定宽度，以及在使用划线工具和测量尺寸时难免产生误差，所以在机械加工中，规定划线的精度为0.25~0.5 mm。

机械加工中，不能完全依靠划线来确定加工时的最后尺寸，而必须在加工过程中通过测量来保证尺寸的准确度。

四、划线基准

划线基准是指在划线时选择工件上的某个点、线、面作为依据，用它来确定工件的各部分尺寸、几何形状及工件上各要素的相对位置。划线基准的选择主要有三种形式，见表 3-1。

表 3-1　　　　划线基准

基准类型	基准选择说明	图示
选择两个相互垂直的平面（或线）为划线基准	当零件具有两个相互垂直的平面（或线）时，应选择两个相互垂直的平面（或线）作为划线基准	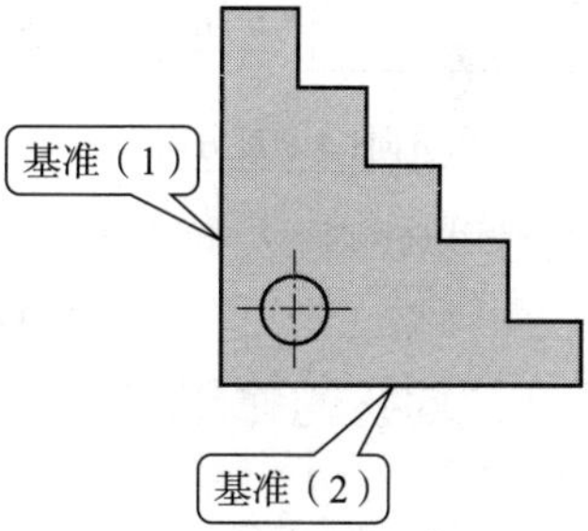 基准（1） 基准（2）
选择一个平面（或线）与一条相互垂直的中心线作为划线基准	当零件为对称结构（左右对称或上下对称）时，应选择中心线作为划线基准	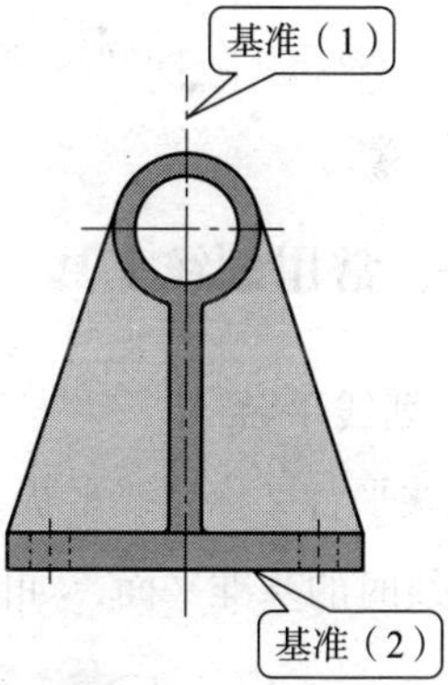 基准（1） 基准（2）
选择两条相互垂直的中心线为划线基准	当零件主要结构为圆弧或孔时，应选择两条相互垂直的中心线作为划线基准	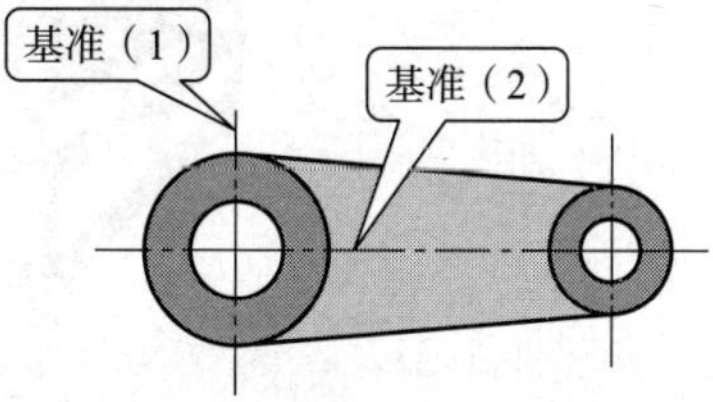 基准（1） 基准（2）

划线时在零件的每一个方向都需要选择一个基准，因此，平面划线时一般要选择两个划线基准，而立体划线时一般要选择三个划线基准，如图 3-4 所示。

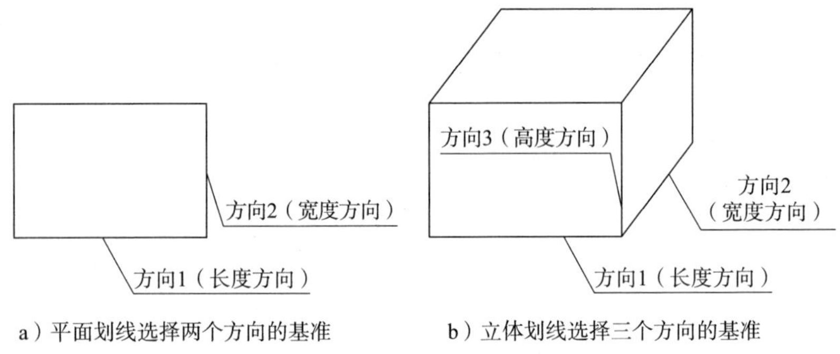

a）平面划线选择两个方向的基准　　b）立体划线选择三个方向的基准

图 3-4　划线方向

模块 2　平面划线

一、常用划线工具

1. 划线平台

划线平台又称划线平板，其工作表面具有较高的平面度精度，可作为划线时的基准平面，如图 3-5 所示。

图 3-5　划线平台

由于划线平台的工作表面具有较高的平面度精度，在使用时应注意以下要求（见表3-2）。

表3-2 划线平台使用要求

序号	基准选择说明	图示
1	划线平台放置时应使平台表面处于水平状态	
2	划线平台工作表面应经常保持清洁	
3	零件和工具在划线平台上都要轻拿轻放，不可损伤划线平台的表面	
4	划线平台使用完毕后要擦拭干净，并涂上机油防锈	

2. 钢直尺

钢直尺是一种简单的尺寸量具，如图3-6所示。

钢直尺可以用来量取尺寸，也可作划直线时起导向作用的导向工具，如图 3-7 所示。

图 3-6　钢直尺

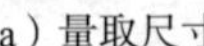

a）量取尺寸

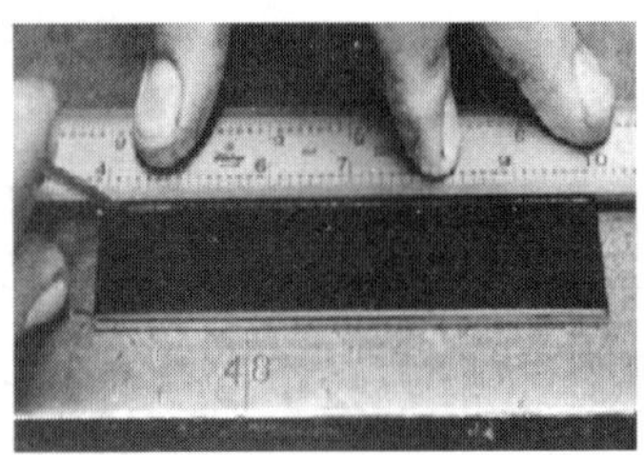

b）划线导向

图 3-7　钢直尺的用途

3. 划针

划针主要用来在零件表面上划线条，一般用工具钢或弹簧钢制成，如图 3-8 所示。

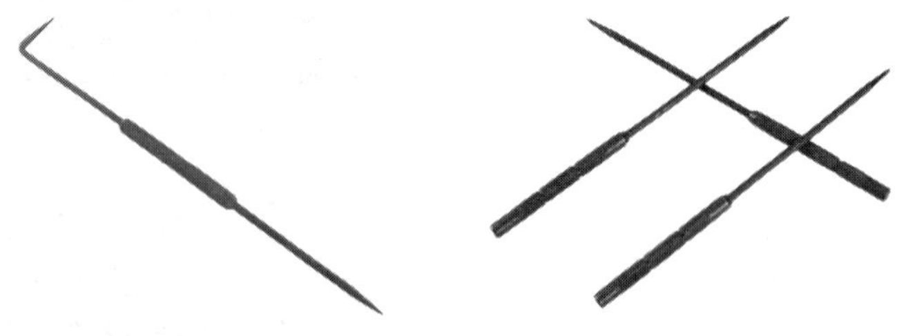

图 3-8　划针

划针端部磨成 15°~20°的夹角，直径一般为 3~5 mm，并经淬火处理，有的划针在尖端部焊有硬质合金，耐磨性更好，划针的端部结构如图 3-9 所示。

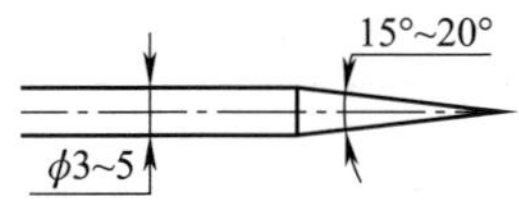

图 3-9　划针端部结构

划针的使用要点见表 3-3。

表 3-3　　　　划针使用要点

序号	使用要点	图示
1	使用划针时一定要使划针尖端紧贴直尺的底边，否则划出的线条不准确	
2	划线的时候，针尖要紧靠在导向工具的边缘，上部向外侧倾斜 15°～20°，向划线移动方向倾斜 45°～75°，以保证划线的准确性	
3	针尖要保持尖锐，划线要尽量一次划成，使划出的线条既清晰又准确	

续表

序号	使用要点	图示
4	划针不用时，划针不能插在衣袋中，最好套上塑料管不使针尖外露	

4. 划规

划规常采用中碳钢或工具钢制成，它在划线中主要用来划出圆和圆弧轮廓线，也可用来等分线段、角度及量取尺寸等，常用划规见表3-4。

表3-4　常用划规

名称	使用场合	图示
普通划规	普通划规结构简单，制造方便，应用较为广泛	
弹簧划规	弹簧划规使用时，通过旋转调节螺母，可以方便地调节尺寸，但该划规结构刚性较差，一般用于光滑表面上划线	
滑杆划规	滑杆划规主要用来划大尺寸的圆	

划规的使用要点见表 3-5。

表 3-5　　划规使用要点

序号	使用要点	图示
1	划规在使用时，应压住划规一脚加以定心，以增加划线时的稳定性，转动另一脚划线	单手操作　双手操作
2	划规须保持脚尖的尖锐，以保证划出的线条清晰	
3	使用划规划尺寸较小的圆时，须把划规两脚的长短磨得稍有不同，定心的一脚略长，划线的一脚略短，以便顺利划出小圆。同时，划规两脚在合拢时脚尖应能靠紧，以提高划线精度	定心　划线

5. 样冲

样冲是用来在已划好的加工线条上打出冲点作为标记，或用来为划圆弧、钻孔定中心。常用的样冲如图 3-10 所示。样冲一般用工具钢制成，尖端处淬硬，冲尖顶角磨成 40°～60°，一般在用于钻孔定中心时，尖角取较大值。

用普通样冲冲点时，要先找正再冲点，如图 3-11 所示。找正时先将样冲外倾，使尖端对准线的正中，然后将样冲直立。冲点时先轻打一个印痕，检查无误后再重打冲点以保证冲点在线的正中。

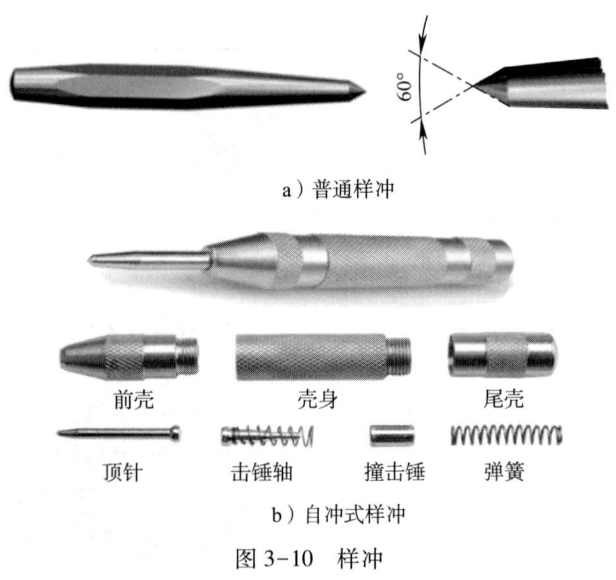

a）普通样冲

b）自冲式样冲

图 3-10　样冲

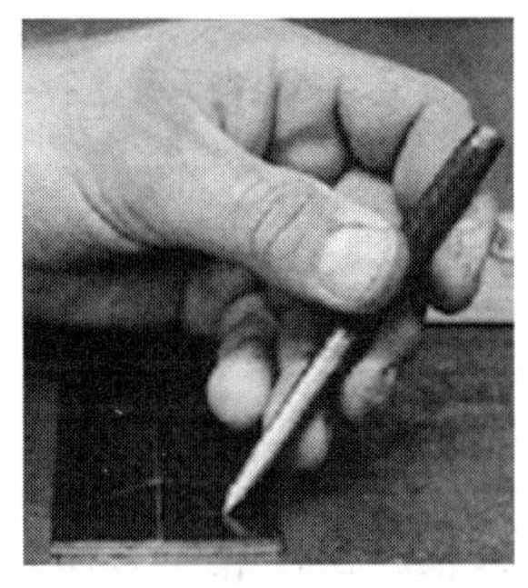

a）找正

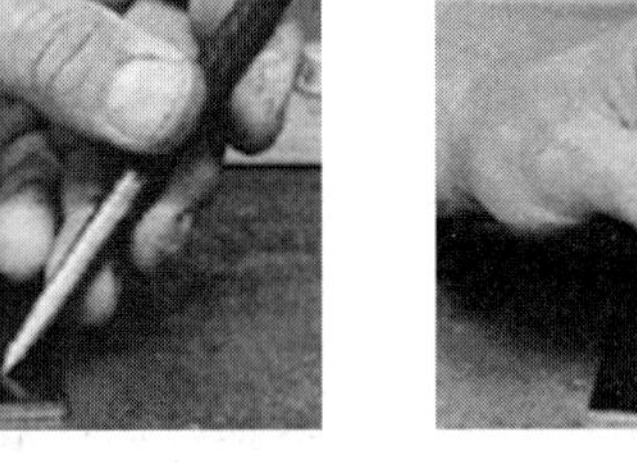

b）冲点

图 3-11　用普通样冲冲点

用自冲式样冲冲点，只需找正后，用力下压，在弹簧的作用下，就能在所需的位置冲出正确的冲点，如图 3-12 所示。

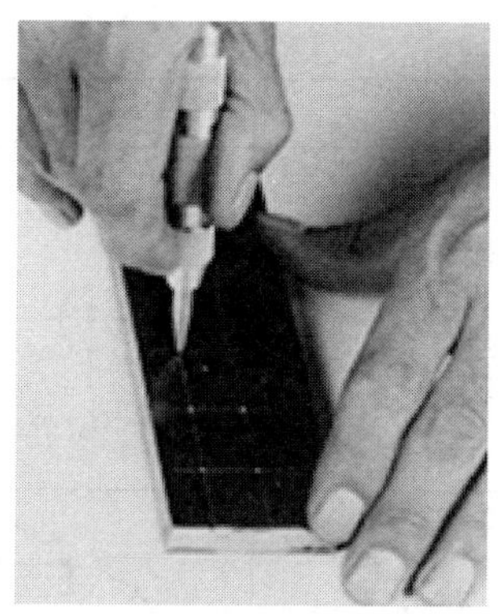

图 3-12　用自冲式样冲冲点

样冲的使用要点见表 3-6。

表 3-6　　样冲使用要点

序号	操作说明	图示
1	冲点位置要准确，不可偏心	正确　不垂直　偏心
2	线上的冲点距离可大些，但在短直线上至少要有三个冲点	

续表

序号	操作说明	图示
3	在圆周上冲点距离要小些，直径小于 20 mm 圆周上应有 4 个冲点，而直径大于 20 mm 的圆周线上应有 8 个冲点	
4	在线条的相交处和拐角处必须打上冲点	

二、平面划线方法

1. 划线表面涂色

为了使划出的线条清楚，可以在零件的划线部位涂上薄而均匀的划线涂料，如图 3-13 所示。

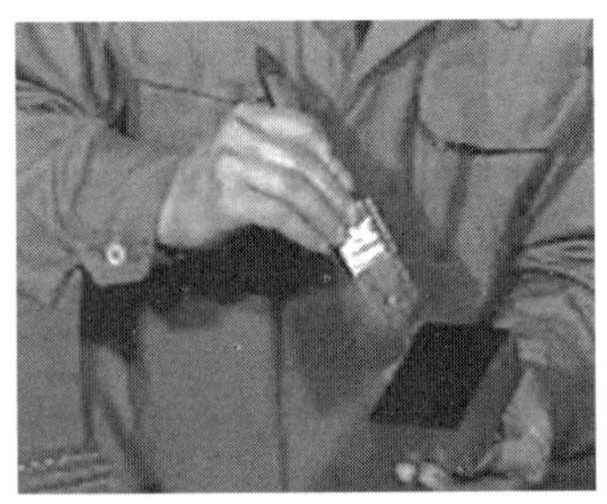

图 3-13　划线表面涂色

钳工划线时，常用的涂料主要有石灰水、酒精色溶液等（见表 3-7）。

表 3–7　　常用划线涂料

名称	使用场合	图示
石灰水涂料	一般用于表面粗糙的锻造件、铸造毛坯等的表面涂色	
酒精色溶液	一般用于已加工过的表面涂色。钳工划线时常用的酒精色溶液为蓝油	

2. 划线的方法

平面划线时，常用的划线方法见表 3–8。

表 3–8　　常用平面划线方法

划线要求	划线方法	图示
将线段 *AB* 进行若干等分（以五等分为例）	第一步：由 *A* 点作一射线并与已知线段 *AB* 成某一角度 第二步：从 *A* 点在射线上任意截取五等分点 *a*、*b*、*c*、*d*、*C* 第三步：连接 *BC*，并过 *a*、*b*、*c*、*d* 分别作 *BC* 线段的平行线，在 *AB* 线上的交点 *a*′、*b*′、*c*′、*d*′即为 *AB* 线段的五等分点	A B C a b c d a′ b′ c′ d′

续表

划线要求	划线方法	图示
作与线段 AB 距离为 R 的平行线	第一步：在已知线段上任取两点 a、b 第二步：分别以点 a、b 为圆心，R 为半径，在同侧作圆弧 第三步：作两圆弧的公切线，即为所求的平行线	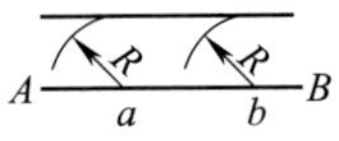 A R R B a b
过线外一点 P，作线段 AB 的平行线	第一步：在 AB 线段上取一点 O 第二步：以点 O 为圆心，OP 为半径作圆弧，交 AB 于点 a、b 第三步：以点 b 为圆心，aP 为半径作圆弧，交圆弧 ab 于点 c 第四步：连接 Pc，即为所求平行线	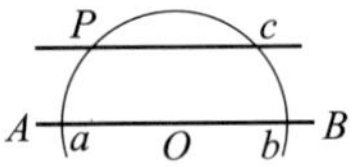 P c A a O b B
过已知线段 AB 的端点 B 作垂直线段	第一步：以点 B 为圆心，取 Ba 为半径作圆弧交线段 AB 于点 a 第二步：以 Ba 为半径，在圆弧上截取圆弧段 ab 和 bc 第三步：分别以点 b、c 为圆心，Ba 为半径作圆弧，交于点 d 第四步：连接 Bd，即为所求垂直线段	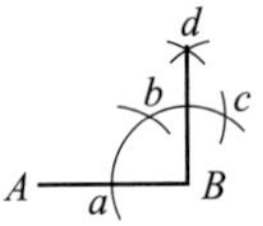 d b c A a B
作与两相交直线相切的圆弧线	第一步：在两相交直线的角度内，作与两直线相距为 R 的两条平行线，交于点 O 第二步：以点 O 为圆心，R 为半径作圆弧	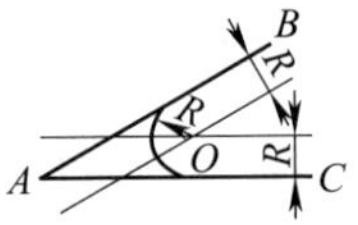 B R R O R A C
作与两圆弧线外切的圆弧线	第一步：分别以点 O_1 和点 O_2 为圆心，以（R_1+R）及（R_2+R）为半径作圆弧交于点 O 第二步：以点 O 为圆心，R 为半径作圆弧	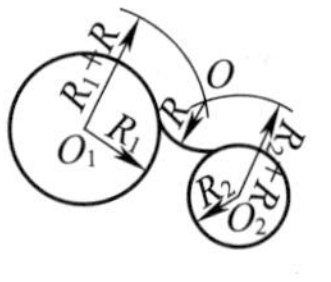 R_1+R O R R_1 O_1 R_2+R R_2 O_2
作与两圆弧线内切的圆弧线	第一步：分别以点 O_1 和点 O_2 为圆心，以（$R-R_1$）及（$R-R_2$）为半径作圆弧交于点 O 第二步：以点 O 为圆心，R 为半径作圆弧	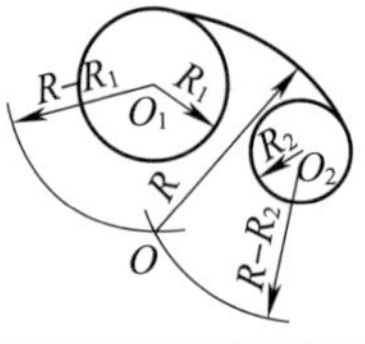 $R-R_1$ R_1 O_1 R_2 O_2 R O $R-R_2$

续表

划线要求	划线方法	图示
作与两相向圆弧相切的圆弧线	第一步：分别以点 O_1 和点 O_2 为圆心，以（$R-R_1$）及（$R+R_2$）为半径作圆弧交于点 O 第二步：以点 O 为圆心，R 为半径作圆弧	$R-R_1$、R_1、O_1、R、R_2、O_2、$R+R_2$、O

模块 3 立体划线

一、立体划线常用划线工具

1. 方箱

方箱主要用于夹持零件并能翻转位置而划出垂直线，一般附有夹紧装置，方箱上还加工有型槽，用来装夹圆柱类零件，如图 3-14 所示。

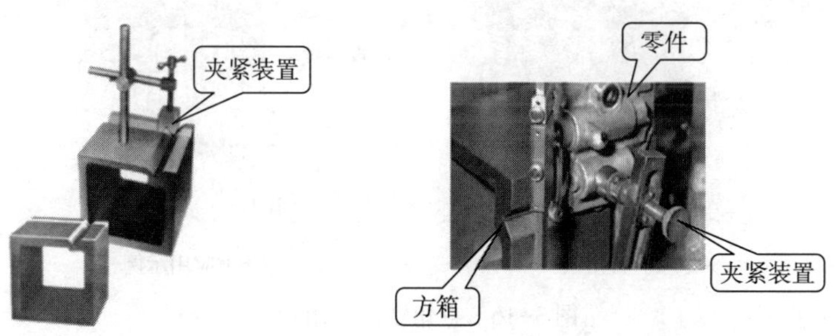

a）方箱　　b）用方箱装夹圆柱类零件

图 3-14　方箱及应用示例

2. V 形架

V 形架通常是两个一起使用，用来放置圆柱形零件，划出中心线，找出中心等，如图 3-15 所示。

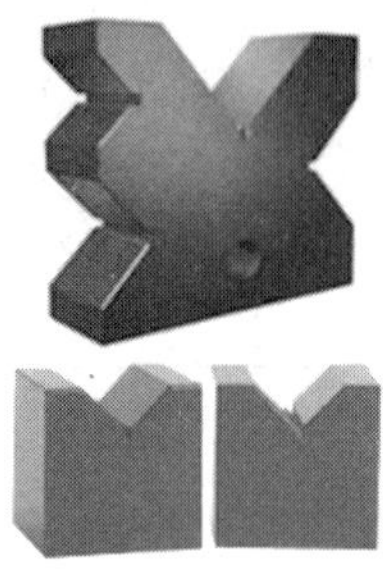

a）V形架　　b）应用示例

图 3-15　V 形架及应用示例

3. 直角铁

直角铁可将零件装夹在直角铁的垂直面上进行划线。装夹时可用 C 形夹头或压板压紧零件，如图 3-16 所示。

C形夹头
直角铁
工件
压板

a）直角铁　　b）应用示例

图 3-16　直角铁及应用示例

4. 千斤顶

千斤顶主要用来支撑不规则的零件，通过调节千斤顶高度，可以用来找正零件的水平，如图 3-17 所示。

5. 划线盘

划线盘是用来在划线平板上对工件进行划线或找正位置的工具。

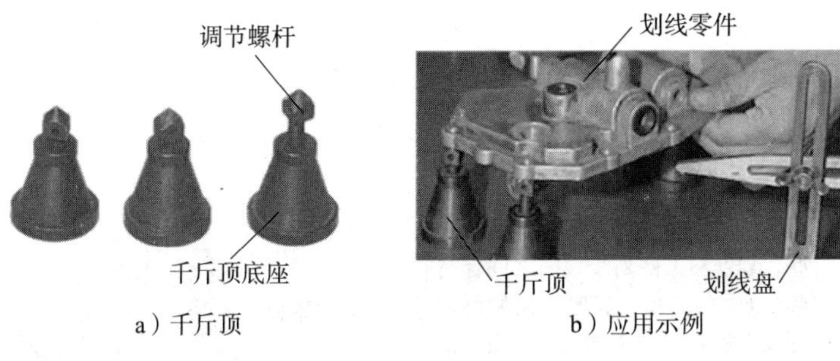

a）千斤顶　　b）应用示例

图 3-17　千斤顶及应用示例

划针的直端用来划线，弯头一端用于对工件安放位置找正，如图 3-18 所示。

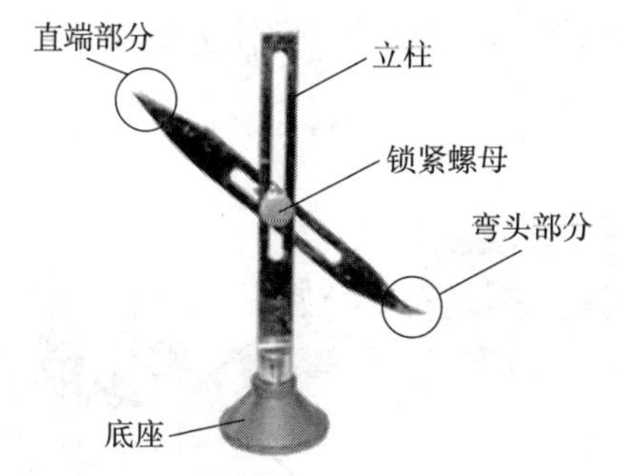

图 3-18　划线盘

划线盘使用要点见表 3-9。

表 3-9　划线盘使用要点

序号	使用要点	图示
1	划线盘本身没有刻度线，划线时，需预先量取划线尺寸	钢直尺

续表

序号	使用要点	图示
2	用划线盘划线时，需将锁紧螺母拧紧，使划针牢固地夹紧在划线盘立柱上，划针伸出部分应尽量短些，划针与工件划线表面之间保持40°～60°的夹角，底座平面始终与划线平板表面贴紧移动，线条一次划出	40°~60° 零件 V形架 划线盘 划线平板

6. 高度游标划线尺

高度游标划线尺尺身上带有刻度线，其刻线原理与游标卡尺相同，划线时，可以直接读出高度尺寸，常作为精密划线工具，如图3-19所示。

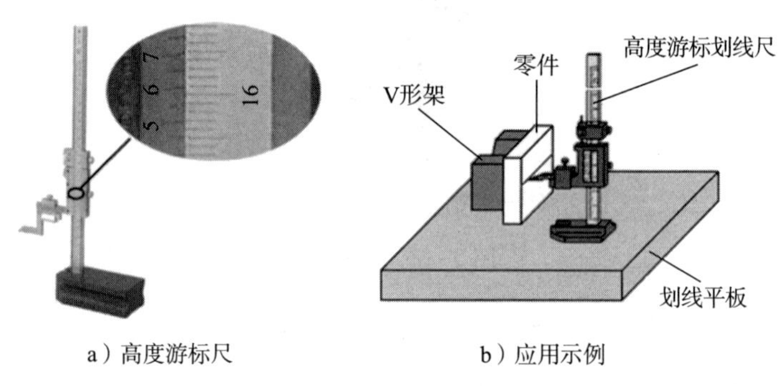

a）高度游标尺　　b）应用示例

图3-19　高度游标划线尺及应用示例

二、划线方法

1. 立体划线的基准找正

为了使零件在划线平台上处于正确的位置，必须先找正划线基准，见表3-10。

表 3-10　　　　　　　　立体划线的基准找正

序号	说明	图示
1	选择零件上与加工部位有关而且比较直观的表面（如凸台、对称中心和非加工的自由表面等）作为找正的基准，使非加工表面与加工表面之间的厚度均匀，并使其形状误差反映到次要的部位或不显著的部位上	
2	在多数情况之下，还必须有一个与划线平台垂直或倾斜的找正基准，以保证该位置上的非加工表面与加工表面之间的厚度均匀	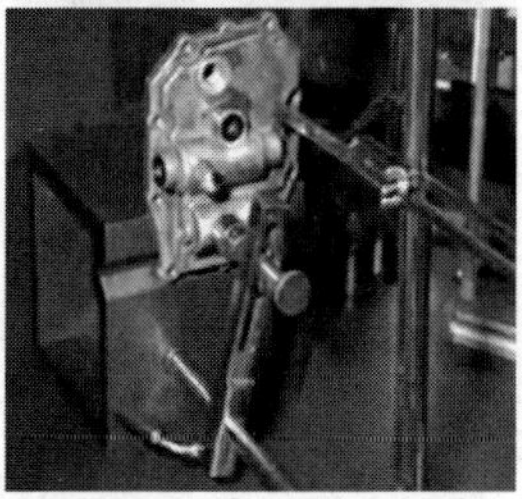

2. 立体划线的步骤

以图 3-20 所示轴承座为例，其划线步骤见表 3-11。

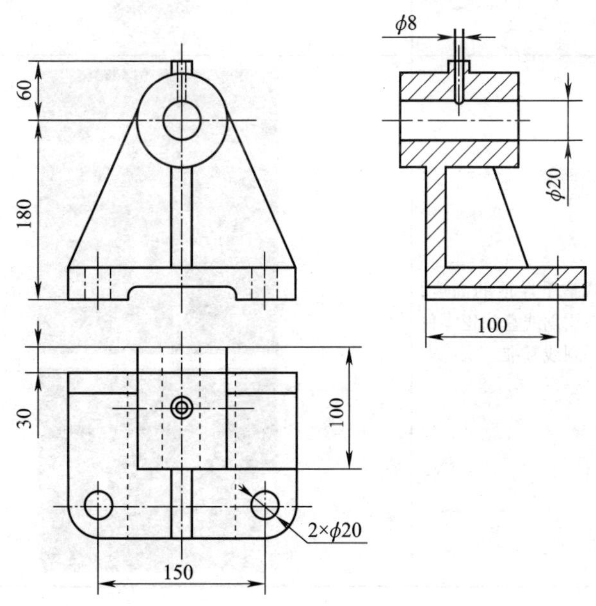

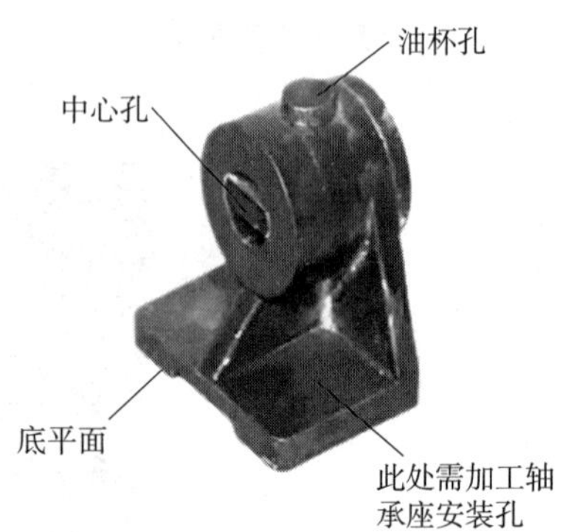

图 3-20　轴承座

表 3-11　　　　　　　　轴承座的划线步骤

步骤	说明	图示
1	在圆柱中心孔内填入塞块，并根据零件的加工要求，确定零件三个不同位置的划线基准分别为 1、2、3	基准2 基准3 基准1
2	调整千斤顶的高度，并使用划线盘找正零件第一划线基准	

续表

步骤	说明	图示
3	划出零件第一划线基准线	
4	划出底面加工线	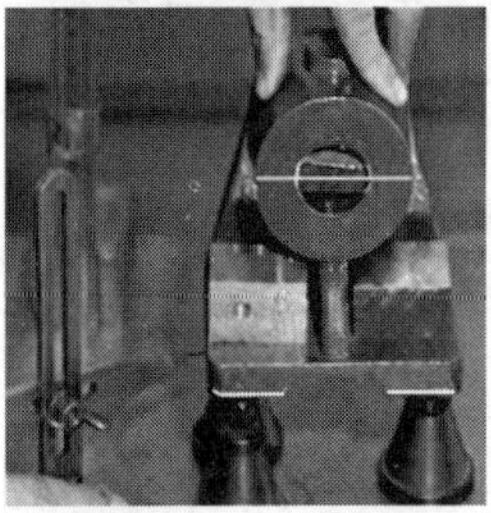
5	划出油杯孔顶部加工线	
6	调整零件第二找正基准	 

续表

步骤	说明	图示
7	划出零件第二划线基准线	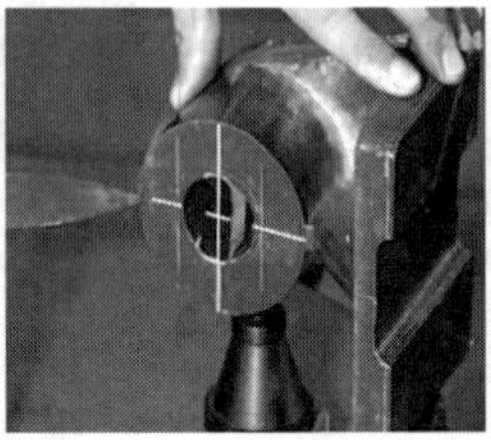 
8	划出油杯孔中心线	
9	划出两圆柱孔中心线	
10	调整零件第三找正基准	 

续表

步骤	说明	图示
11	划出油杯孔中心线和两圆柱孔中心线	
12	划出圆柱端面加工线	
13	用划规划出圆柱中心孔、两圆柱孔及顶部油杯孔轮廓线	
14	复查所划各尺寸线是否正确	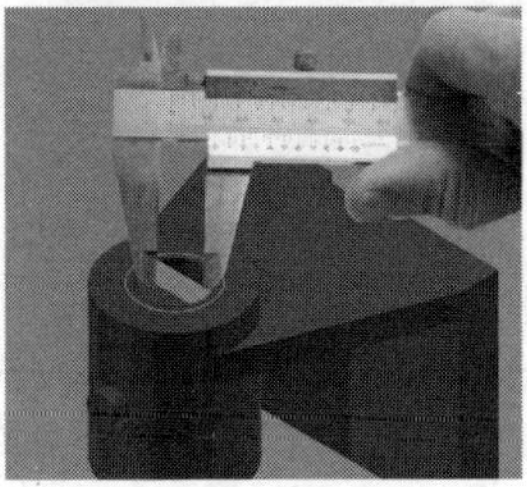

模块 4　技能训练

一、平面划线训练

1. 训练内容

要求在厚度为 2 mm、长度为 180 mm、宽度为 90 mm 的钢板料上划出如图 3-21 所示图形界线。

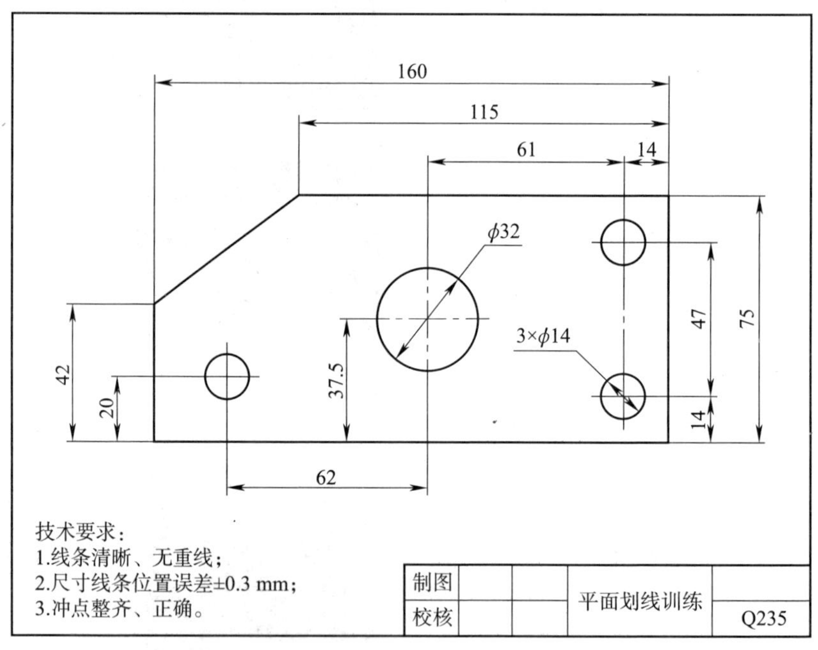

图 3-21　平面划线

划线步骤提示：

（1）检查划线用钢板料，并对钢板料进行倒棱、去毛刺。

（2）在钢板料上需划线的区域涂上划线涂料。

（3）合理分布划线区域，划出图 3-22 所示图形，检查无误后打上样冲点。

（4）划出图 3-23 所示图形，检查无误后打上样冲点。

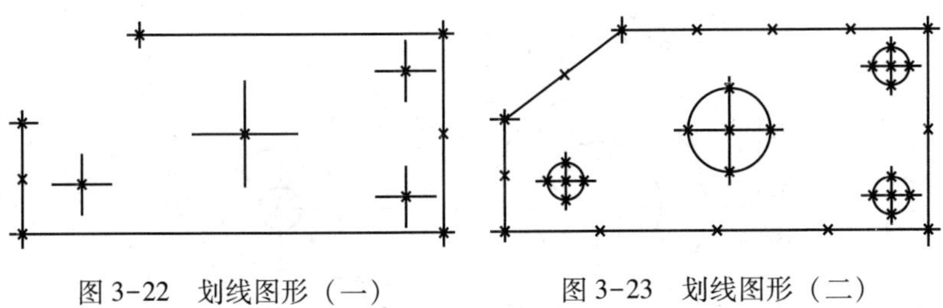

图 3-22　划线图形（一）　　图 3-23　划线图形（二）

2. 技能测评

将测评结果填写在表 3-12 中。

表 3-12　平面划线评分标准

序号	检测项目	配分	检测记录	得分
1	涂色薄而均匀	3 分		
2	划线基准选择正确	6 分		
3	图形区域分布合理	5 分		
4	线条清晰，共 17 处	1 分×17		
5	线条无重线，共 17 处	1 分×17		
6	尺寸公差±0. 3 mm，共 15 处	1 分×15		
7	冲点分布合理，共 34 处	0. 5 分×34		
8	划线工具选用	15 分		
9	安全文明生产	5 分		

二、圆弧平面划线训练

1. 训练内容

在厚度为 2 mm、长度为 120 mm、宽度为 80 mm 的钢板料上划出如图 3-24 所示工件加工线。

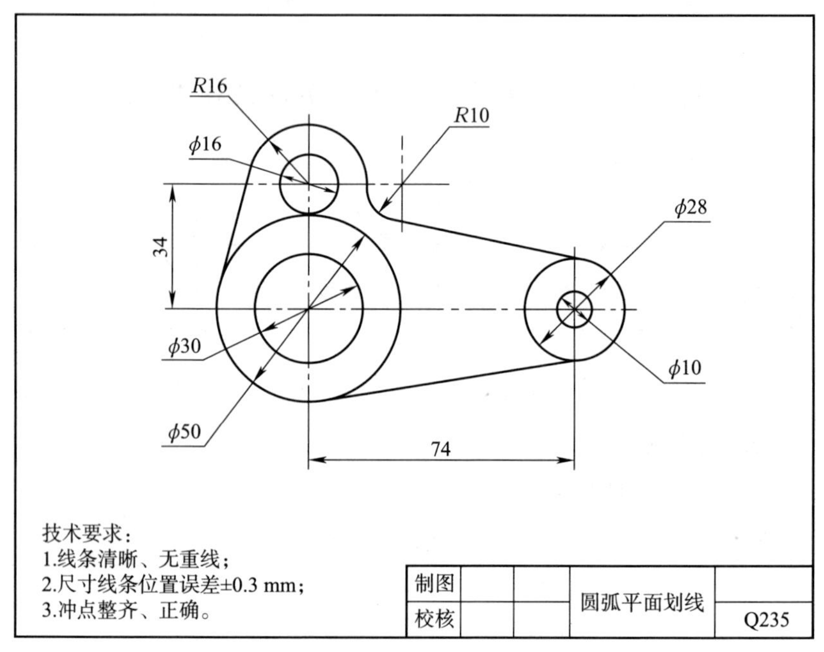

图 3-24　圆弧平面划线

划线步骤提示：

（1）检查划线用薄板料，并对板料进行倒棱、去毛刺。

（2）在板料上需划线的地方涂上划线涂料（蓝油）。

（3）合理分布图形，划出如图 3-25a 所示中心线，检查无误后打上样冲点，即为三个圆心点。

（4）划出图 3-25b 所示图形线条，检查无误后打上样冲点。

（5）划出图 3-25c 所示圆弧连接线。

（6）对所有线条进行检查，无误后打上样冲点，如图 3-25d 所示。

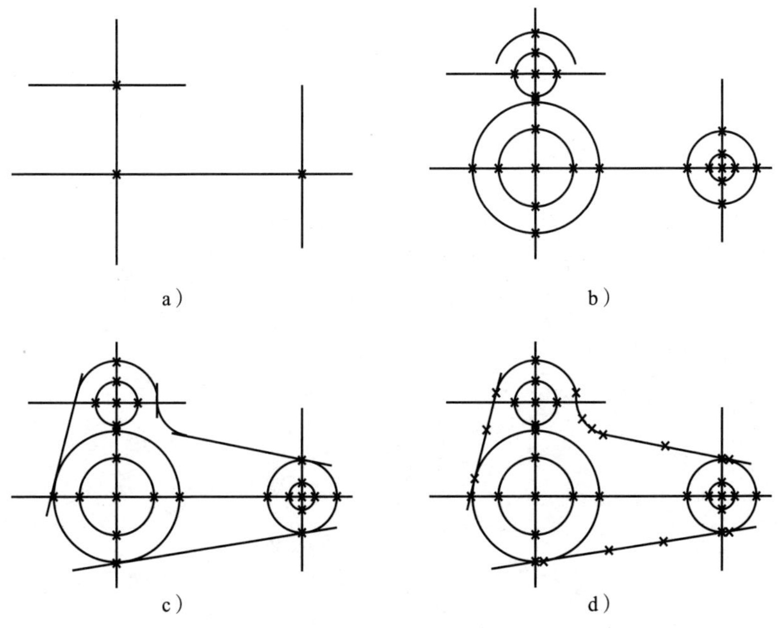

图 3-25　划线步骤

2. 技能测评

将测评结果填写在表 3-13 中。

表 3-13　　圆弧平面划线评分标准

序号	检测项目	配分	检测记录	得分
1	涂色薄而均匀	3 分		
2	图形分布合理	4 分		
3	线条清晰，共 10 处	1 分×10		
4	作图步骤、方法正确	5 分		
5	线条无重线，共 10 处	1 分×10		
6	尺寸公差±0. 3 mm，共 9 处	2 分×9		
7	冲点分布合理、正确，共 35 处	1 分×35		
8	划线工具选用	10 分		
9	安全文明生产	5 分		

第4单元

錾　削

錾削是用锤子打击錾子对金属工件进行切削加工的方法，如图 4-1 所示。

图 4-1　錾削

錾削是钳工工作中一项重要的基本操作。目前錾削工作主要用于不便于机械加工的场合。通过錾削，可以去除毛坯上的凸缘或毛刺、分割薄板、加工平面，还可以在零件表面錾削沟槽或油槽等。錾削是一种粗加工，一般按划线进行加工，平面度可控制在 0.5 mm 之内。錾削的加工范围见表 4-1。

表 4-1　　　　　　　　錾削的加工范围

序号	加工说明	图示
1	去除毛坯上的凸缘或毛刺	

续表

序号	加工说明	图示
2	利用台虎钳钳口切割薄板	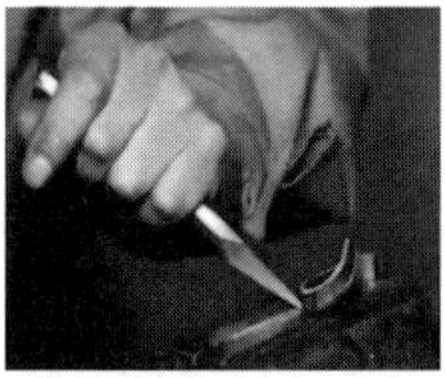
3	利用砧座或平板切割薄板	
4	去除零件表面上过多的加工余量	
5	在零件表面上加工出符合要求的沟槽	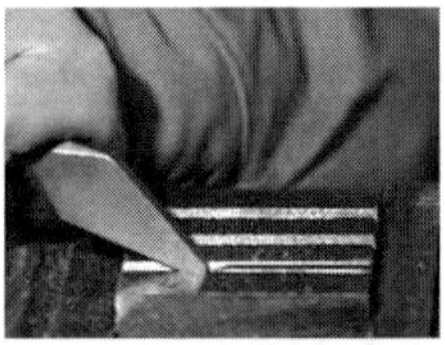
6	在零件配合面上加工油槽，以利于配合面制件的润滑	

模块 1　錾削工具

一、錾子

1. 錾子的结构

錾子一般用碳素工具钢经锻造加工而成，錾子由切削部分、錾身及錾头组成，如图 4-2 所示。

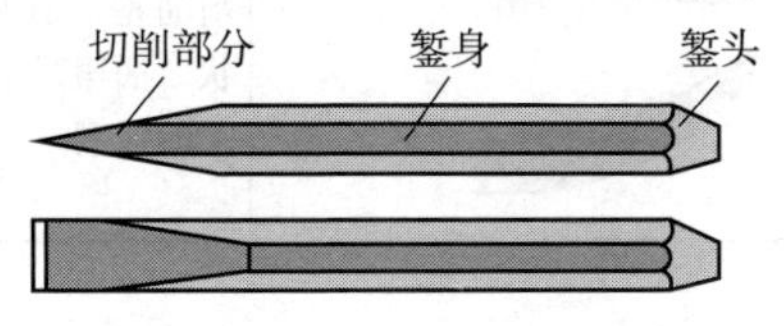

图 4-2　錾子的结构

錾子的錾头部分有一定的锥度，顶端略带球形，以便于锤击时作用力容易通过錾子的中心线，使錾子容易保持平稳。錾身多数呈八棱形，以防止錾削时錾子转动。

2. 钳工常用錾子的种类

钳工进行錾削时，常用的錾子主要有扁錾、尖錾和油槽錾，见表 4-2。

表 4-2　　钳工常用錾子

种类	图示	说明
扁錾		扁錾的切削部分扁平，刃口略带弧形，在平面上錾去微小的凸起部分时，切削刃两边的尖角不易损伤平面，同时在錾削过程中可适当减小錾削时的阻力。扁錾主要用来錾削平面、去毛刺和分割板料等

续表

种类	图示	说明
尖錾		尖錾的切削刃比较短，切削部分的两侧面从切削刃到錾身是逐渐狭小的，以防止錾槽时两侧面被卡住，尖錾主要是用来錾削沟槽以及分割曲线形板料
油槽錾		油槽錾的切削刃很短，并呈圆弧形，为了能在对开式的内曲面上錾削油槽，其切削部分做成弯曲形状，油槽錾常用来錾切平面或曲面上的油槽

3. 錾子的热处理

为了保证錾子的錾削部分具有一定的硬度和韧性，錾子在使用前必须进行热处理，其热处理过程包括加热、淬火和回火，见表 4–3。

表 4–3　　錾子的热处理

操作步骤	说明	图示
加热	可利用气割枪对錾子的切削部分进行加热。加热时需把錾子的切削部分均匀加热到 750~780 ℃（呈樱红色）	
淬火	淬火过程是将錾子垂直地放入冷水中进行冷却，浸入深度为 5~6 mm，同时将錾子沿着水面缓慢地移动，加速錾子冷却，提高淬火硬度	

续表

操作步骤	说明	图示
回火	回火是利用本身的余热进行的。当淬火的錾子露出水面的部分呈黑色时，即由水中取出，迅速擦去氧化皮，在錾子刃口部分呈紫红色与暗蓝色之间（紫色）时，将錾子再次放入水中冷却，完成錾子的回火	

4. 錾子的刃磨

錾子刃磨就是通过刃磨錾子的两个刀面，形成錾削所需的切削刃和錾子的楔角，如图 4-3 所示（以扁錾为例）。

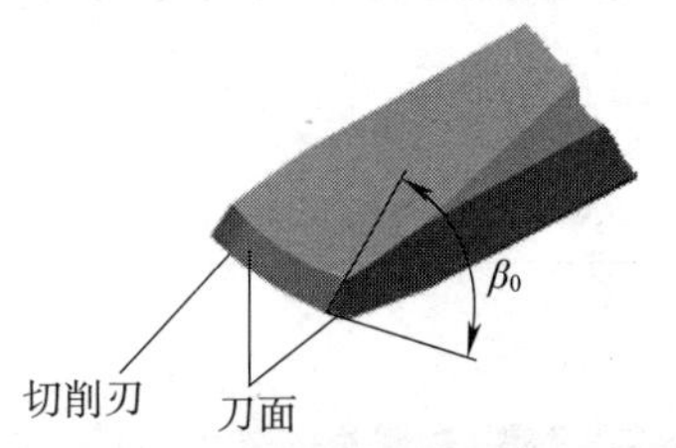

前刀面与后刀面的交线为切削刃。

前刀面与后刀面之间的夹角称为楔角（β_0）。楔角的大小决定了切削部分的强度及切削阻力的大小。

图 4-3　錾子的切削刃和楔角

錾子的楔角大小决定了切削部分的强度及切削阻力的大小。楔角越大，切削部分的强度越高，但切削阻力越大。因此，楔角大小的选择，应在满足强度的前提下，尽量选较小的楔角。一般情况下，根据材料的软硬来选择楔角，錾硬材料时，楔角取大些，而錾软材料时取小些，具体选择参考见表 4-4。

表 4-4　　錾子的楔角选择

楔角范围	使用场合
60°～70°	硬钢或铸铁等硬材料
50°～60°	一般钢料和中等硬度材料
30°～50°	铜、铝、低碳钢等软材料

不同种类錾子的刃磨要点见表4-5。

表4-5　不同种类錾子的刃磨要点

种类	刃磨要点	图示
扁錾	将錾子待刃磨的刀面置于旋转着的砂轮轮缘上，并略高于砂轮的中心，且在砂轮的全宽方向做左右移动。刃磨时要掌握好錾子的方向和位置，以保证錾子楔角符合切削要求。前、后两刀面要交替刃磨，以求对称 刃磨时，作用在錾子上的压力不应太大，以免切削刃因过热而退火，必要时，可将錾子浸入水中进行冷却	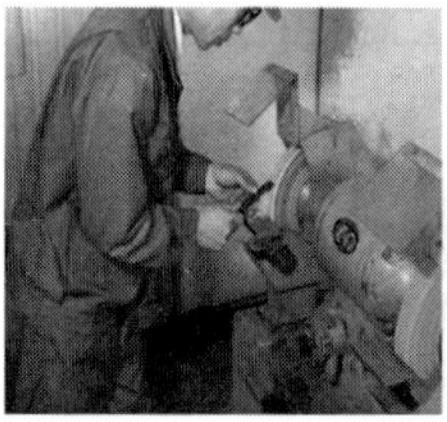 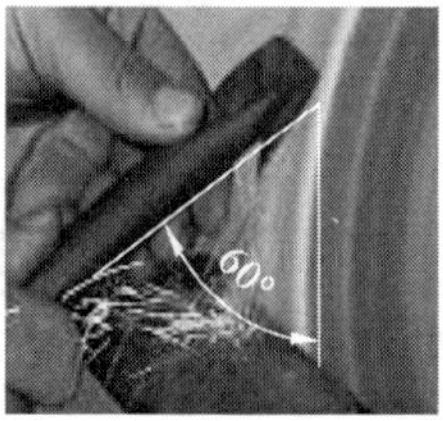
尖錾	将錾子刃面置于旋转着的砂轮轮缘上，并略高于砂轮的中心，且在砂轮的全宽方向做左右移动。刃磨时要掌握好錾子的方向和位置，以保证刃磨的楔角符合要求 对錾子有宽度要求时，可用砂轮的侧面刃磨錾子两侧面来达到要求	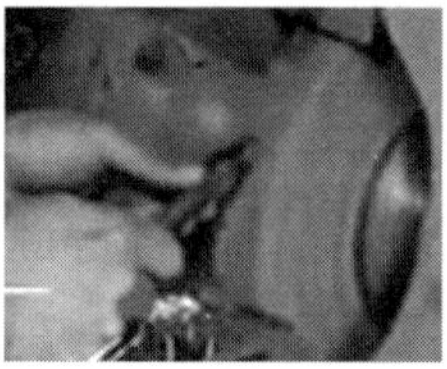 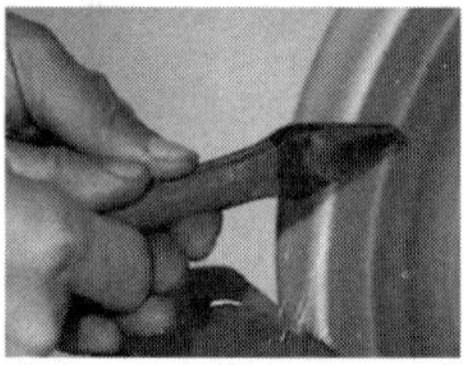
油槽錾	将錾子刃面置于旋转着的砂轮轮缘上，并略高于砂轮的中心，且在砂轮的全宽方向做左右摆动。錾子圆弧刃刃口的中心点仍应在錾子錾体中心线的延长线上，錾子前部应磨成弧形	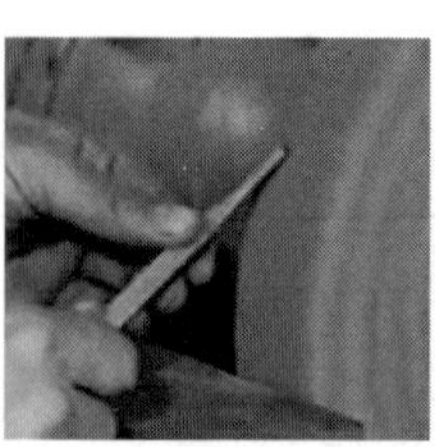 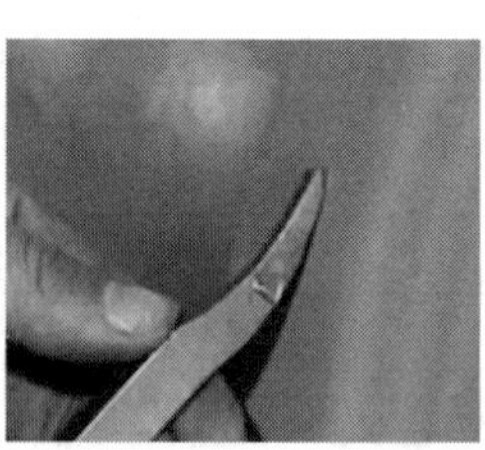

二、锤子

锤子也称榔头，是钳工錾削等操作时用的敲击工具，如图 4-4 所示。

图 4-4　锤子

錾削用的锤子主要由锤头、木制手柄组成。锤头常采用碳素工具钢制成，并经淬硬处理。锤头安装在手柄上，为防止锤击过程中，锤头脱落，在手柄头部还需嵌入楔块。

模块 2　錾削姿势及操作要领

一、錾削时的站位姿势

錾削时的站位姿势如图 4-5 所示。身体与台虎钳中心线大致成 45°角，且略向前倾，左脚在前，右脚在后，两脚直立，且身体重心作用于左脚，右脚起辅助支撑作用，以保证身体平衡。

二、錾子的握法

錾子的握法有正握法和反握法两种，见表 4-6。

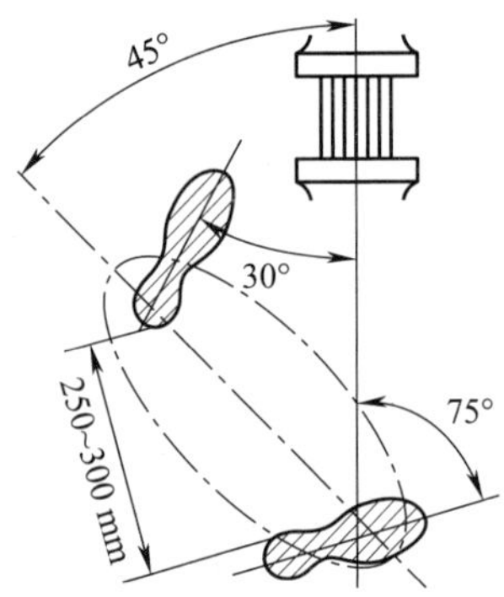

图 4-5　錾削时的站位姿势

表 4-6　　　　　　　　　　　錾子的握法

握法	说明	图示
正握法	手心向下，腕部伸直，用中指、无名指握住錾子，小指自然合拢，食指和大拇指自然伸直地松靠，錾子头部伸出约 20 mm	
反握法	手心向上，手指自然捏住錾子，手掌悬空	

三、锤子的握法

锤子的握法有紧握法和松握法两种，见表 4-7。

表 4-7　　锤子的握法

握法	说明	图示
紧握法	用右手五指紧握锤柄，大拇指合在食指上，虎口对准锤头方向（木柄椭圆的长轴方向），木柄尾端露出 15~30 mm。在挥锤和锤击过程中，五指始终紧握锤柄	
松握法	大拇指和食指始终握紧锤柄。在挥锤时，小指、无名指、中指则依次放松；在锤击时，又以相反的次序收拢握紧，这种握法的优点是手不易疲劳，而且锤击力大	

四、挥锤方法

錾削操作时，锤子的挥锤方法主要有腕挥法、肘挥法和臂挥法三种，见表 4-8。

表 4-8　　锤子的挥法

挥法	说明	图示
腕挥法	仅用手腕的动作进行锤击运动，采用紧握法握锤，常用于余量较少以及錾削开始或结尾的时候 腕挥时，一般挥锤速度约为 50 次/分	

续表

挥法	说明	图示
肘挥法	用手腕与肘部一起挥动做锤击运动，采用松握法握锤，因挥动幅度较大，故锤击力也较大，这种方法应用最多 肘挥时，一般挥锤速度约为 40 次/分	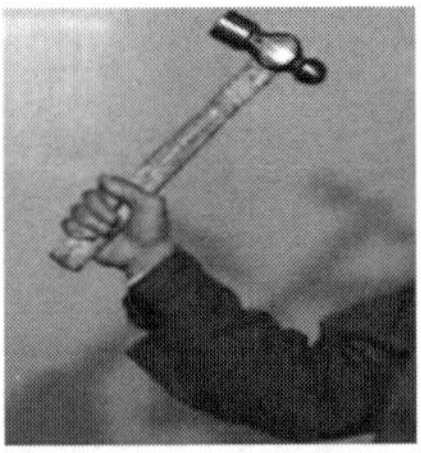
臂挥法	手腕、肘和手臂一起挥动，其锤击力最大，用于需要大力錾削的工件	

模块 3　錾削方法及安全注意事项

一、切割薄板

切割薄板时的錾削方法见表 4-9。

表 4-9　切割薄板

序号	操作要领	图示
1	利用台虎钳钳口夹紧薄板进行切割，錾切时，将板料按划线夹成与钳口平齐，用阔錾沿着钳口并斜对着板料（约成 45°角）自右向左錾切 板料必须夹紧，防止在錾切时，板料在錾切力的作用下发生倾斜	 45°

续表

序号	操作要领	图示
2	将薄板平放在台虎钳砧座或平板上，利用扁錾对薄板进行切割时，应由前向后进行錾削，开始时，錾子放置应略倾斜，然后逐步放垂直，以使扁錾的圆弧切削刃能全宽参与薄板切割。切割时，应做到前后錾削痕迹连接齐整	

二、錾削平面

以图 4-6 所示工件为例，其錾削操作见表 4-10。

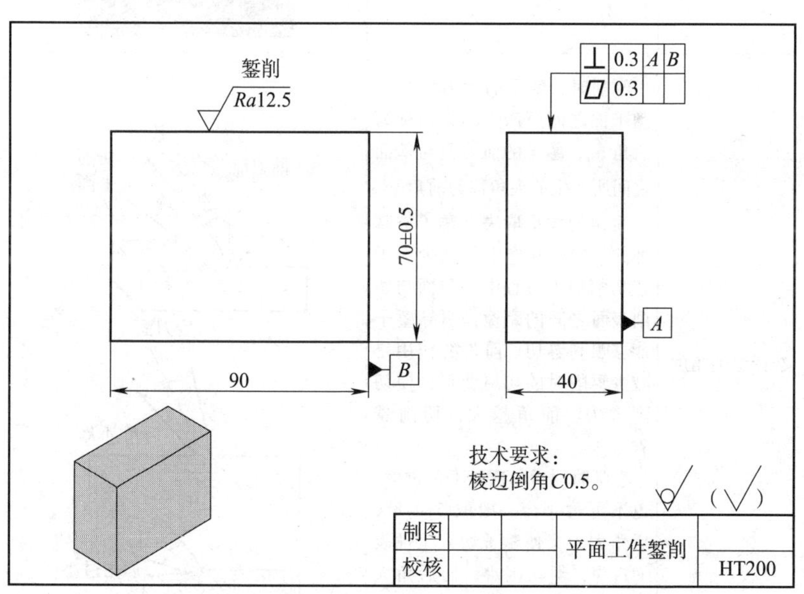

图 4-6　平面工件錾削

表 4-10　　平面工件錾削

操作	操作说明	图示
划线	利用划线工具划出零件的錾削加工尺寸线（70 mm）	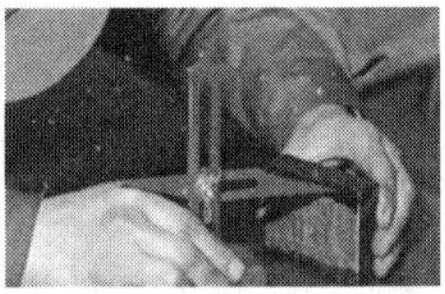
起錾	零件錾削时，应先采用斜角起錾的方法在零件边缘尖角处錾出一个斜面，否则錾子在零件表面容易产生打滑现象，影响錾削的正常进行	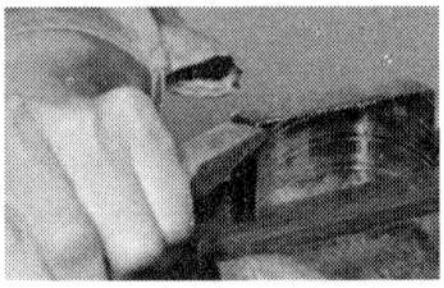 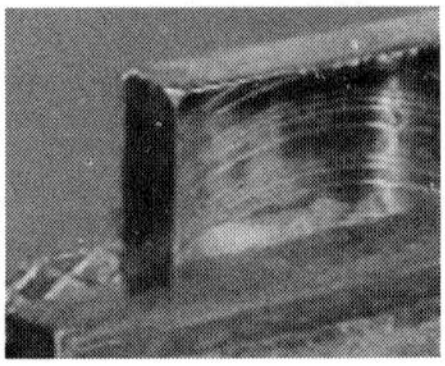
选择錾削角度	錾削时，錾子的后刀面与切削平面之间所产生的夹角称为后角 α_0，錾子的前刀面与基面之间所产生的夹角称为前角 γ_0 后角的大小取决于錾子被掌握的方向，其作用是减少錾子在切削加工过程中后刀面与切削表面之间的摩擦，引导錾子能够顺利錾切。前角的作用是减少錾削时的切屑变形，使切削省力。前角越大，切削越省力 錾削时，后角选择不可过大，也不可过小，一般取 5°～8°，后角太大会使錾子切入工件表面过深，錾切困难；而后角太小造成錾子容易滑出工件表面，不能切入	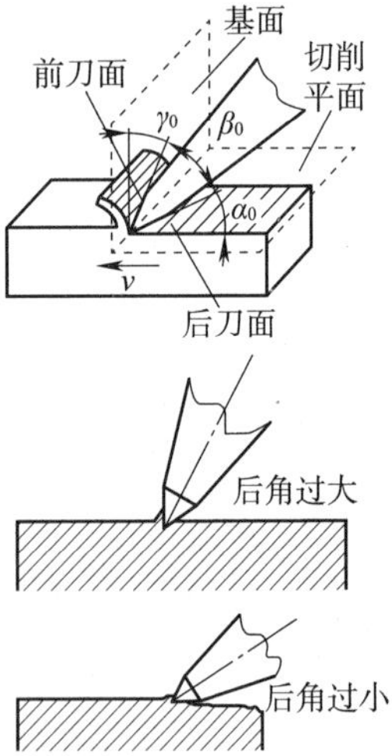

续表

操作	操作说明	图示
錾削过程	在錾削过程中，一般每錾削两三次后，可将錾子退后一些，做一次短暂的停顿，再将刃口顶住錾削处继续錾削。这样，既可以随时观察錾削表面的平整情况，又可以使手臂肌肉有节奏地得到放松	
錾削平面尽头	当錾削接近尽头部位时，必须调头錾去余下的部分，否则，尽头部位部分材料会产生迸裂现象，从而影响工件质量。尤其是在錾削脆性材料时应特别注意。在一般情况下，当錾削接近尽头部位 10～15 mm 时必须调头錾去余下的部分	正确 错误
检查錾削质量	錾削结束后，选择刀口形直尺检查錾削面的平面度误差；选择刀口形直角尺检查錾削面与相关基准面制件的垂直度误差	

三、錾削沟槽

以图 4-7 所示工件为例，其錾削操作见表 4-11。

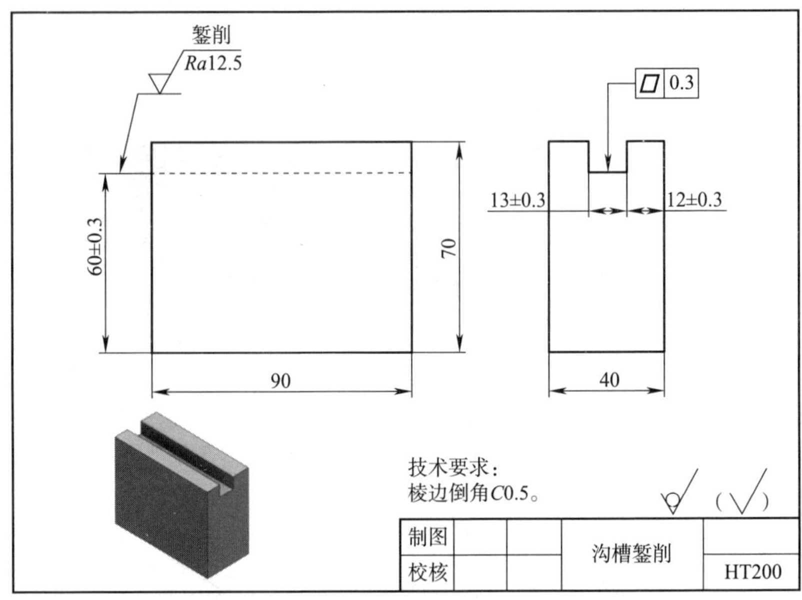

图 4-7　沟槽錾削

表 4-11　　沟槽錾削

操作	操作说明	图示
划线	使用划线工具划出沟槽加工线（60 mm、12 mm、13 mm），为使划出的线条清晰，可在零件加工面上涂抹显示剂	
修磨尖錾	尖錾切削刃的宽度尺寸决定着沟槽的宽度尺寸，所以，錾削前必须根据零件图纸要求，准确刃磨錾子	13±0.3
起錾	起錾时，将錾子切削刃的全宽与零件表面相接触，在零件狭长面上錾出一个斜面	

续表

操作	操作说明	图示
錾削沟槽	錾削沟槽时，由于切削量较少，可采用腕挥法挥锤，一般，沟槽錾削时的切削量控制在 1 mm 左右，通过逐层錾削，达到规定的沟槽深度要求	

四、錾削油槽

以图 4-8 所示工件为例，其錾削操作见表 4-12。

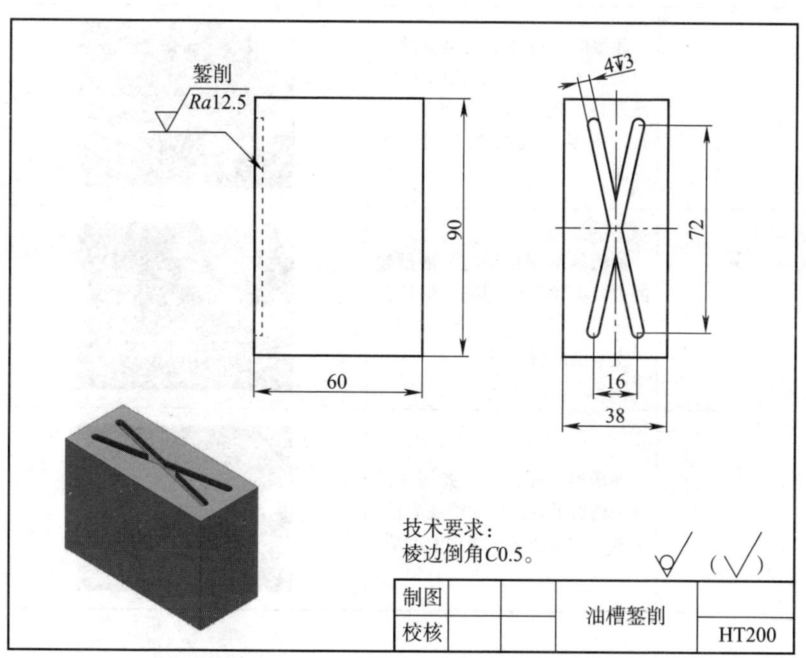

图 4-8　油槽錾削

表 4-12　　油槽錾削

操作	操作说明	图示
划线	利用划线工具划出油槽的加工线	
修磨油槽錾	根据油槽的宽度修磨油槽錾，油槽錾的侧面与加工的槽的侧面之间能形成 1°～3° 角度，形成一个空隙，以避免錾子在錾槽时被卡住，同时保证槽的侧面加工平整	
起錾	起錾时，将油槽錾垂直放置于工件表面，随着锤击的进行，慢慢将油槽錾向后刀面方向倾斜，在零件表面加工圆弧过渡面	
錾削油槽	油槽錾削到尽头时，油槽錾的刃口必须慢慢翘起，保证槽底圆滑过渡，同时，油槽必须一次錾削成型	
修整油槽	油槽錾削完成后，要用锉刀修去槽边毛刺，使油槽底光洁、平整，方便油液在油槽中流动	

五、錾削时的安全注意事项

錾削时的安全注意事项见表 4-13。

表 4-13 錾削时的安全注意事项

序号	注意事项	图示
1	工件在台虎钳中必须夹紧，伸出高度一般以离钳口 10~15 mm 为宜	
2	为了保证工件錾削时的稳定性，有时还需要在工件下方加上木衬垫	
3	錾子使用一段时间后，要及时将錾子头部的毛刺磨去，防止锤子锤击时，毛刺断裂，刺伤操作者的手部	

模块 4 技能训练

一、训练内容

要求在尺寸为 71 mm×40 mm×40 mm 的灰口铸铁（HT250）上錾削直槽，如图 4-9 所示。

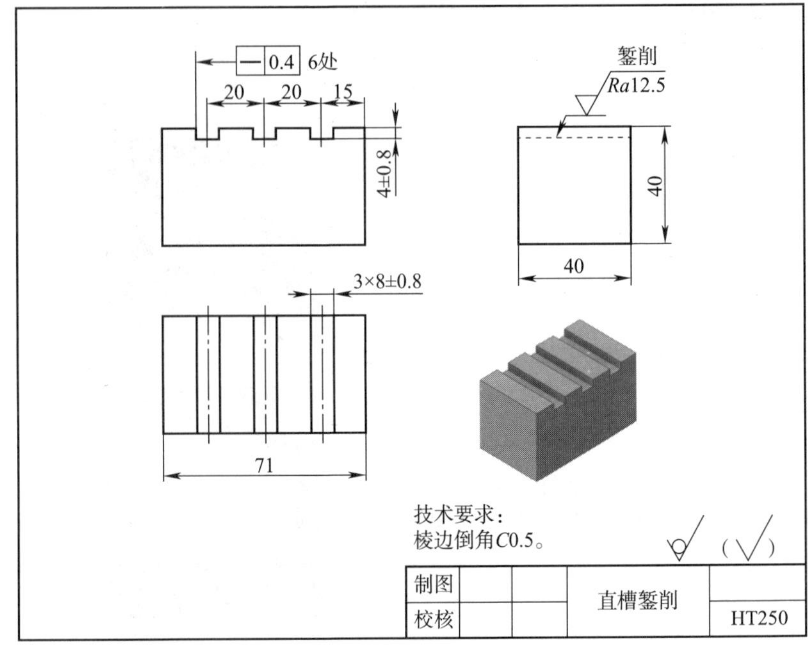

图 4-9　直槽錾削

（1）根据图样要求划出加工线，直槽线可利用平板和划线盘划出，也可以用高度划线尺划出，划线效果如图 4-10 所示。

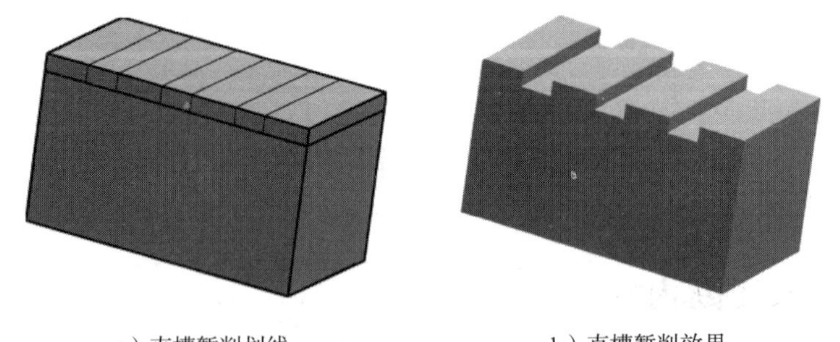

a）直槽錾削划线　　b）直槽錾削效果

图 4-10　直槽錾削示意图

（2）根据直槽宽度修磨好狭錾。

（3）錾第一条槽，从正面起錾，先沿线条以0.5 mm的錾削量錾削第一遍，再按直槽深度分批錾削，最后做平整修整。要求直线度误差≤0.4 mm、符合槽深4±0.8 mm、表面粗糙度 *Ra* 值≤12.5 μm。

（4）采用腕挥法挥锤，挥锤用力大小要适当，防止錾子刃端崩裂，同时，用力大小应一致，以保证槽底的平整。

二、技能测评

将测评结果填写在表4-14中。

表4-14　　直槽錾削评分标准

序号	检测项目	配分	检测记录	得分
1	8±0.8 mm，共3处	6分×3		
2	直线度≤0.4 mm，共6处	3分×6		
3	4±0.8 mm，共3处	6分×3		
4	錾痕整齐，共9处	2分×9		
5	錾削姿势正确	12分		
6	加工线条清晰	16分		
7	安全文明生产	酌情扣分		

第5单元

锯　削

锯削是用锯削工具对金属材料进行切断或切槽的加工方法，如图 5-1 所示。

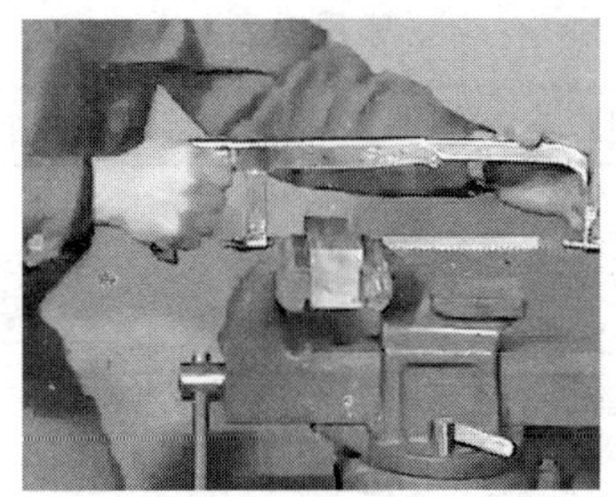

图 5-1　锯削

钳工应用锯削可以对各种原材料或半成品进行锯断加工，锯除工件上多余部分材料以及在零件上锯槽等，如图 5-2 所示。

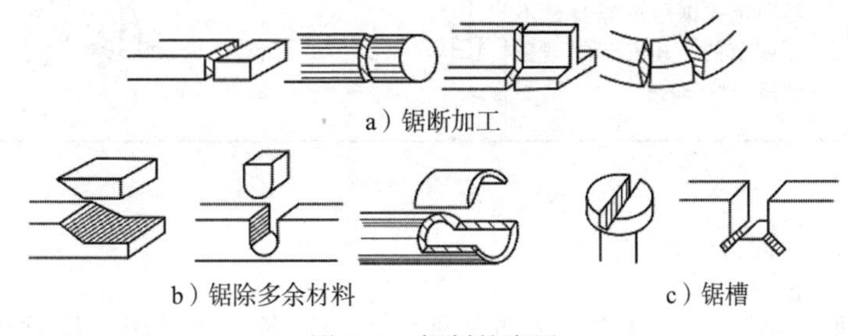

a）锯断加工

b）锯除多余材料

c）锯槽

图 5-2　锯削的应用

模块 1　锯削工具

钳工常用的锯削工具为手锯，它由锯弓和锯条两部分组成。

一、锯弓

常用的锯弓有可调式锯弓和固定式锯弓两种，见表 5-1。

表 5-1　　常用锯弓

名称	说明	图示
可调式锯弓	可调节式锯弓的锯身有活动锯身和固定锯身。通过活动锯身的前后位置移动可以实现锯身长度的调节，以适应安装几种不同长度的锯条	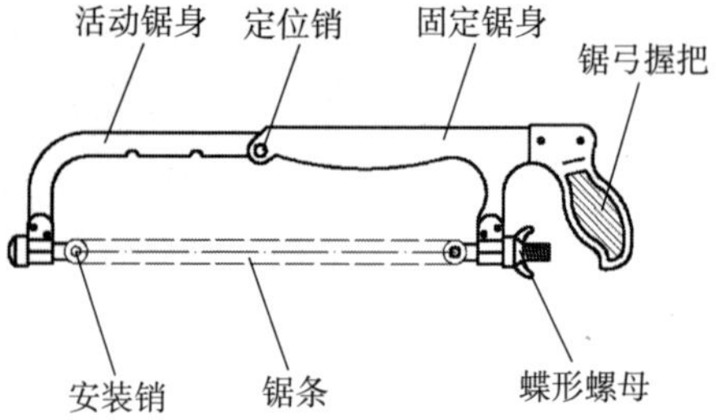 活动锯身 定位销 固定锯身 锯弓握把 安装销 锯条 蝶形螺母
固定式锯弓	固定式锯弓的结构大致与可调节式锯弓相同，只是固定式锯弓的锯身是不可调节的，其安装的锯条规格是唯一的	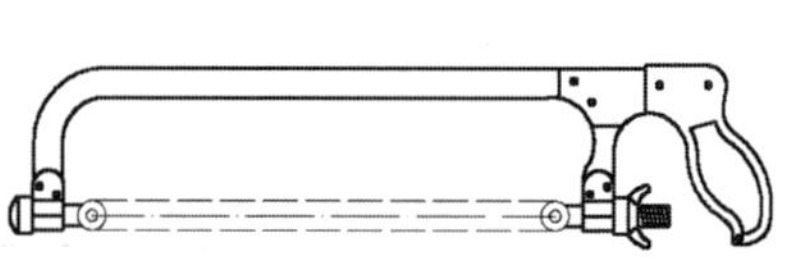

二、锯条

钳工锯削时使用的锯条通常称为手用锯条，常采用渗碳软钢冷轧而成，经热处理淬硬。锯条的长度以两端安装孔中心距表示，常用的为 300 mm，如图 5-3 所示。

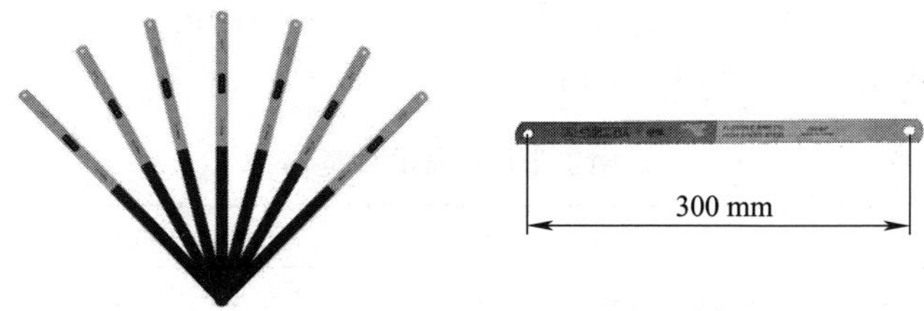

图 5-3 锯条

锯条通常为单面有齿，相当于一排同样形状的錾子，每个齿都有切削作用，锯齿的切削角度如图 5-4 所示。

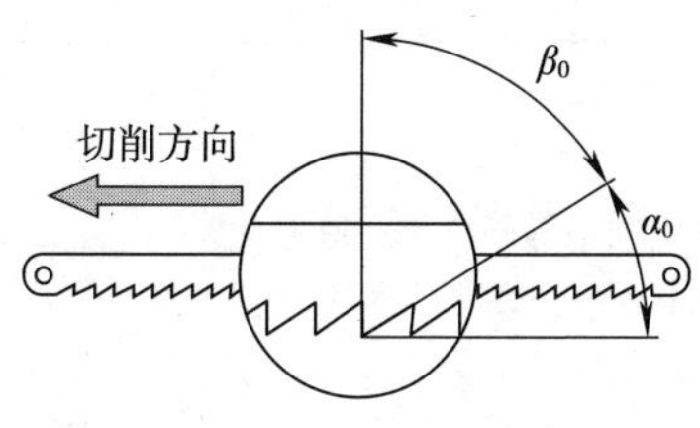

图 5-4 锯条的结构

锯齿的切削角度为：前角 $\gamma_0 = 0°$，后角 $\beta_0 = 40°$，楔角 $\alpha_0 = 50°$，三个角之间的关系为：$\gamma_0 + \beta_0 + \alpha_0 = 90°$。

锯条在制造时，将全部锯齿按一定规律左右错开，并排成一定的形状，称为锯路。锯路的形式常有波浪形和交叉形，如图 5-5 所示。

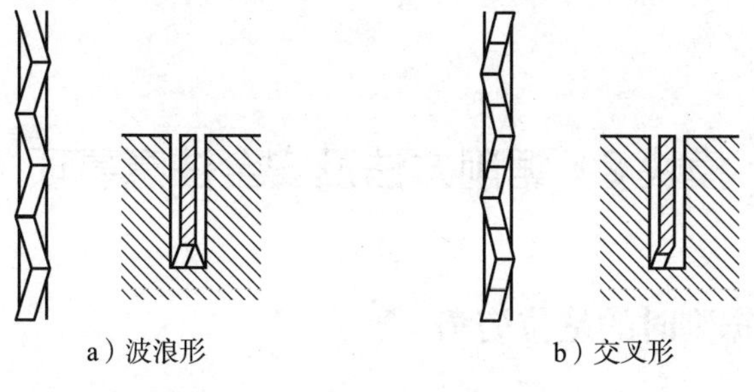

a）波浪形 b）交叉形

图 5-5 锯条的锯路

钳工常用锯条根据锯条每 25 mm 长度内的锯齿数不同，将锯条分为粗齿锯条、中齿锯条和细齿锯条三种，见表 5–2。

表 5–2　钳工常用锯条的种类

种类	说明	图示
粗齿锯条	锯齿之间的容屑空间较大，在锯削软材料或较大切面时，可以容纳较多的切屑，不会发生切屑堵塞而影响锯削效率，常用来锯削软钢、黄铜、铝、铸铁、紫铜、人造胶质材料	14~18
中齿锯条	常用来锯削中等硬度钢、厚壁的钢管、铜管	22~24
细齿锯条	参加切削的齿数较多，切削时，每齿担负的锯削量较小，锯削阻力小，材料易于切除，推锯省力，锯齿也不易磨损，常用来锯削硬材料或较小的切面，特别是薄壁管子和薄板	32

模块 2　锯削方法及安全注意事项

一、锯削时的站位姿势

操作者以台虎钳中心线为基准，身体平面与台虎钳中心线约成 45°角，并略向前倾约 10°，左脚在前，右脚在后，左脚脚面中心线与台虎钳中心线约成 30°角，右脚脚面中心线与台虎钳中心线约成 75°角，左脚膝盖略有弯曲，身体重心作用于左脚，右脚膝盖绷直，起辅助支撑作用，如图 5-6 所示。

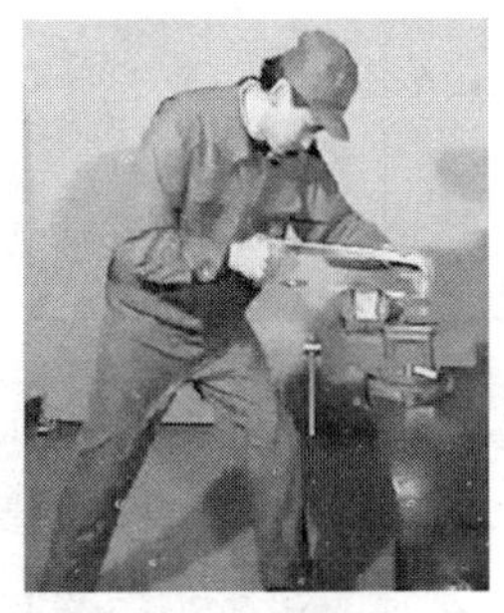

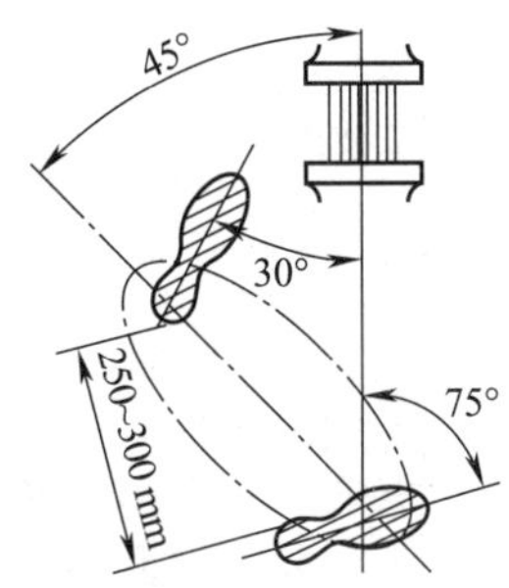

图 5-6　锯削时的站位姿势

二、锯削时的握锯姿势

锯削时锯弓的握姿如图 5-7 所示，右手满握锯弓握把，左手轻抚锯弓前端，保持锯弓平稳。

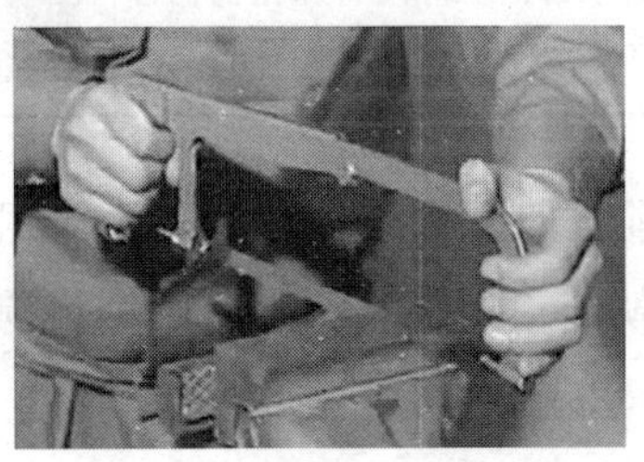

图 5-7　锯削时的握锯姿势

三、锯条的安装

安装锯条时，分别将锯弓前后两端的安装销装入锯条两端的安装孔内，并拧紧蝶形螺母，其操作要点见表 5-3。

表 5-3　　锯条的安装要点

步骤	说明	图示
安装锯条	将锯条两端的安装孔对准锯弓前后两端的安装销，使安装销能准确装入锯条安装孔	
拧紧蝶形螺母	拧紧蝶形螺母，蝶形螺母不宜旋得太紧或太松：太紧，锯条受力太大，在锯削中用力稍有不当，就会折断；太松，锯削时锯条则容易扭曲，也易折断，而且锯出的锯缝容易歪斜	
调节锯条松紧	锯条安装后需检查锯条的松紧程度，其松紧程度可以用手扳动锯条，感觉硬实即可 锯条安装后，要保证锯条平面与锯弓中心平面平行，不得倾斜和扭曲，否则，锯削时锯缝极易歪斜	

由于锯条是在前推时才起切削作用，因此锯条安装应使锯齿的前角顺着锯削方向朝前，如果装反了，则锯齿前角变为负值，将丧失正常的锯削能力，如图 5-8 所示。

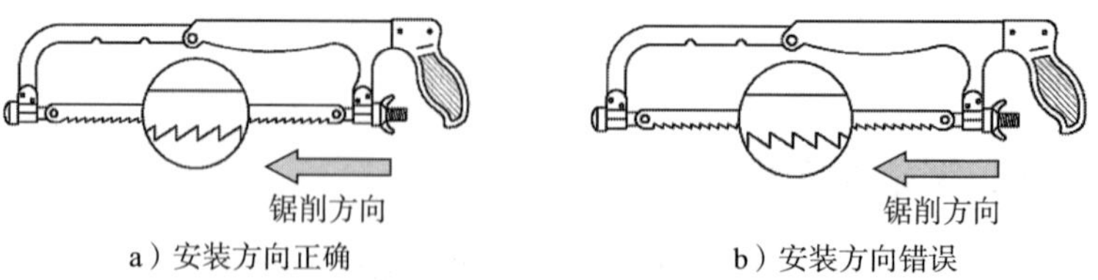

a）安装方向正确　　b）安装方向错误

图 5-8　锯条的安装方向

四、锯削运动

锯削时，身体应略向前倾，随着锯弓向前推进，身体前倾幅度略有增大，并随着身体前倾的惯性，左手略向上抬，右手略向下压，回程时，身体慢慢向后收回，在惯性带动下，右手略向上抬，左手自然跟回，整个过程循环反复，使锯弓形成小幅度的上下摆动，如图 5-9 所示。

图 5-9　锯削运动

锯削运动的速度一般为 40 次/分左右，锯削硬材料慢些，锯削软材料快些，同时，锯削行程应保持均匀，返回行程的速度相对快些。

五、锯削平面

1. 工件的装夹

工件一般装夹在台虎钳的左面，以防止锯削时台虎钳对操作者产生干涉，影响锯削操作，如图 5-10 所示。

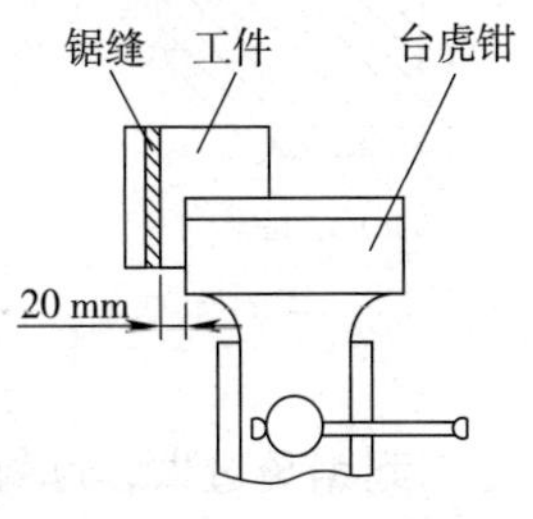

图 5-10　工件的装夹

工件伸出钳口的距离不应过长，应使锯缝离开钳口侧面 20 mm 左右，防止工件在锯削时产生振动，锯削加工线要与钳口侧面保持平行，便于控制锯缝不偏离划线方向。

2. 起锯

起锯是锯削工作的开始，起锯质量的好坏，直接影响锯削质量。起锯不当的常见影响：一是锯条跳出锯缝将工件拉毛或者引起锯齿崩裂；二是起锯后的锯缝与划线位置不一致，将使锯削尺寸出现较大偏差。

起锯方式有远起锯和近起锯两种，如图 5-11 所示。

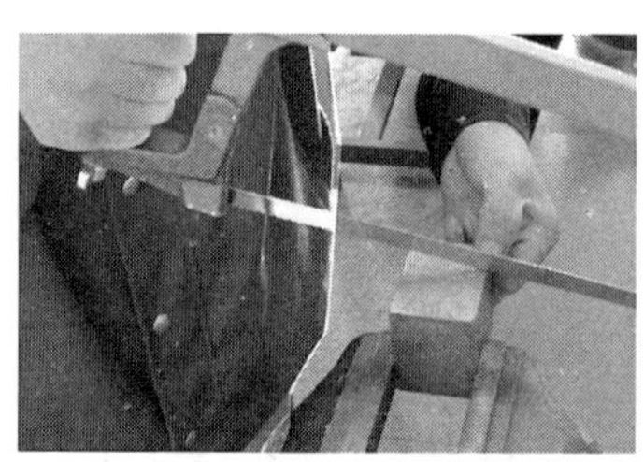
a）远起锯

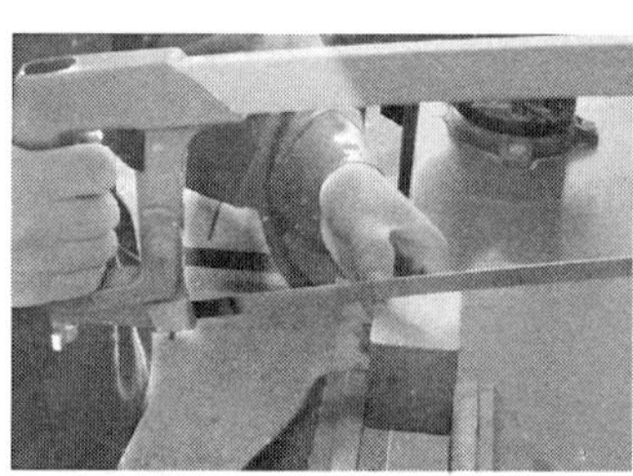
b）近起锯

图 5-11　起锯方式

起锯时，将左手拇指靠住锯条，使锯条能正确地锯在所需要的位置上，起锯要做到：行程短，压力小，速度慢，起锯角一般控制在 15°左右，如图 5-12 所示。

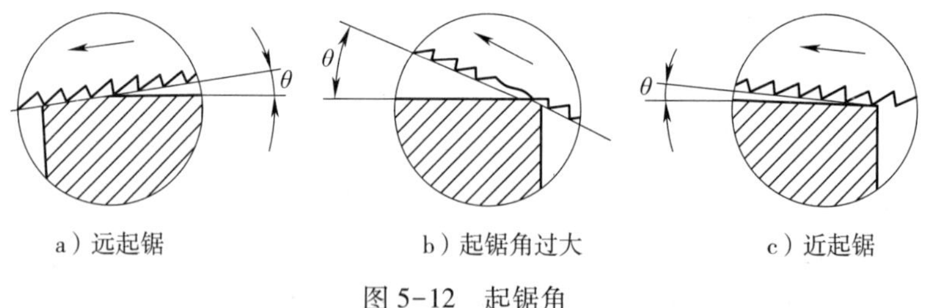

a）远起锯　　b）起锯角过大　　c）近起锯

图 5-12　起锯角

起锯角过大，起锯过程不平稳，尤其是近起锯时锯齿会被工件棱边卡住引起锯齿崩断。起锯角过小，锯齿与零件同时接触的齿数较多，锯条不易切入工件材料，多次起锯往往容易发生偏离，使工件表面锯出许多锯痕，影响表面质量。

六、锯削深缝

在板料锯断时，通常把锯削深度超过锯弓锯削范围的锯缝称为深缝，如图 5-13 所示。

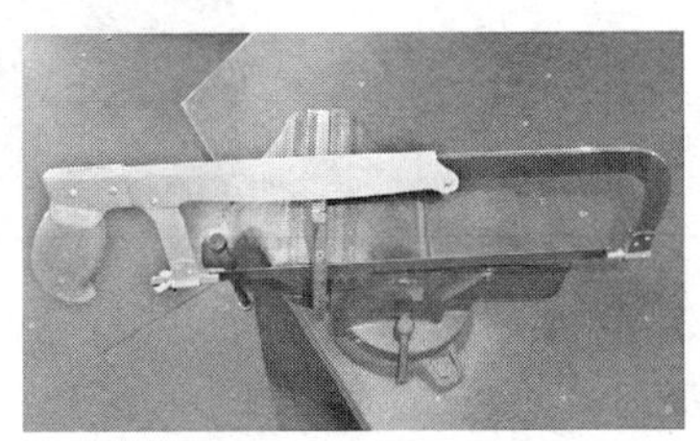

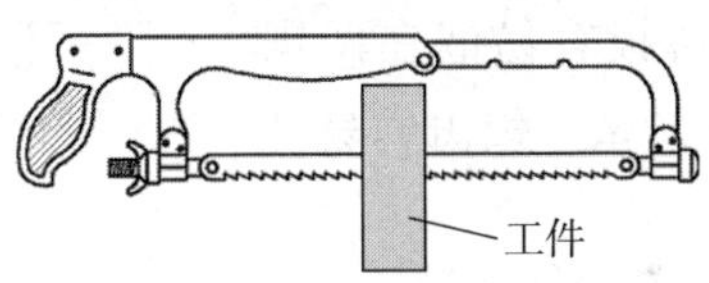

图 5-13　锯削深缝

锯削深缝时的操作方法见表 5-4。

表 5-4　　锯削深缝的操作方法

说明	图示
当锯缝的深度超过锯弓的锯削范围时，可将锯条翻转 90°进行装夹，使锯弓转到零件的旁边，以便于锯削操作能顺利进行	

续表

说明	图示
锯削深缝时，也可以将锯条翻转 180°进行装夹，使锯弓转到零件的下方进行锯削	

七、锯削薄板

锯削薄板时，薄板容易嵌在两锯齿之间，如图 5-14 所示。锯齿容易被钩住而崩断。

为保证锯削的顺利进行，除选用细齿锯条进行锯削外，还可以采用斜锯和垫木板的方法进行锯削，见表 5-5。

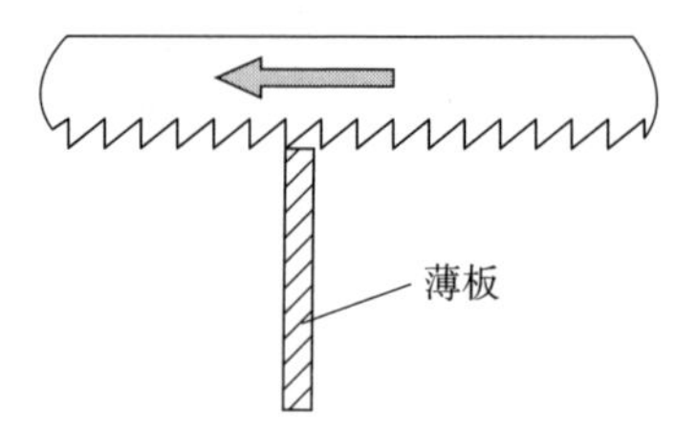

图 5-14　锯削薄板

表 5-5　　锯削薄板的方法

方法	说明	图示
斜锯	将薄板料直接夹在台虎钳上，用锯弓作斜向推锯，使锯齿与薄板接触的齿数较多，避免锯齿崩裂	

续表

方法	说明	图示
垫木板	使用两块木板夹持薄板零件，锯削时，连木板一起锯下，避免锯齿钩住，同时也增加了板料的刚度，使锯削时不发生颤动	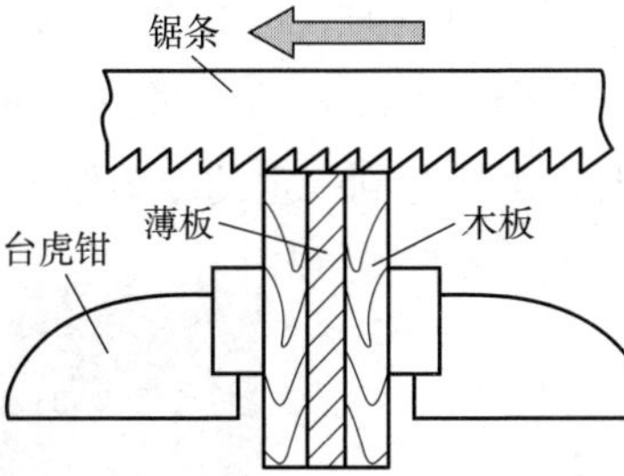

八、锯削管子

锯削管子时，可将管子夹持在两 V 形块之间，如图 5-15 所示，以防止锯削时，管子受锯削力影响，产生夹持不稳定的现象。

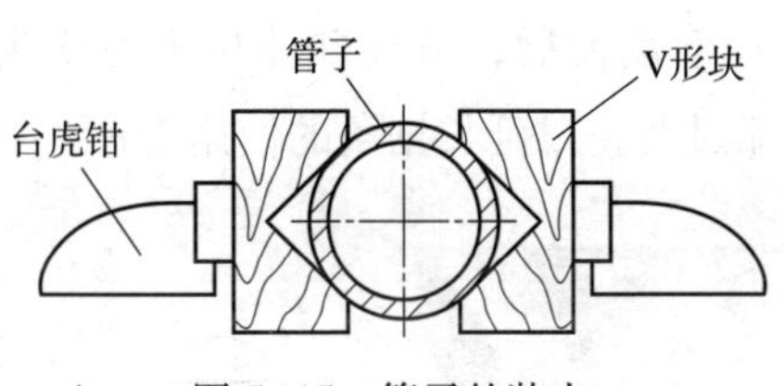

图 5-15　管子的装夹

锯削管子时，应不断将管子旋转进行转位锯削，以防止锯齿被管壁钩住而产生崩断的现象。锯削时，在一个方向上先锯到管子内壁处，然后把管子向推锯的方向转一定角度，并连接原锯缝再锯到管子的内壁处，如此逐渐改变方向不断转锯，直到锯断为止。

九、锯削时的安全注意事项

（1）锯削速度切勿太快，以免使工件加工误差增大，同时避免加速锯条的磨损。

（2）锯削过程中尽可能使全齿参与切削，否则锯条将产生局部磨损过大，既影响锯削操作的顺利进行，又会缩短锯条的使用寿命。

（3）锯削时，可适当加入机油进行润滑，如图 5-16 所示，锯削时，在锯缝中加入适量机油，可以减少锯条与零件之间的摩擦力，同时还可以起到一定的冷却作用，延长锯条的使用寿命。

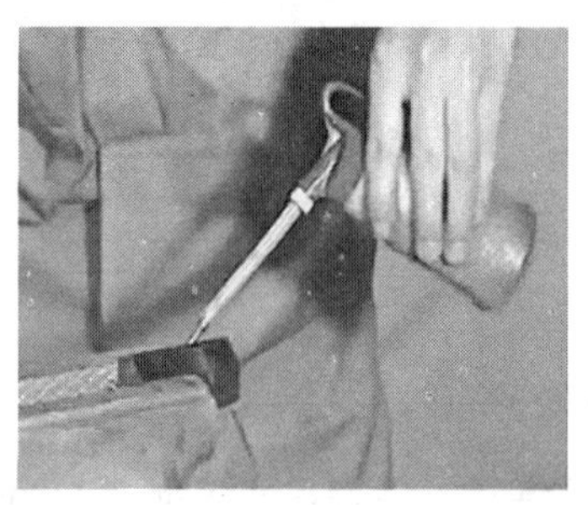

图 5-16　锯削时加入机油润滑

（4）当锯条局部崩齿后，可在砂轮机上对崩齿部分进行修磨，使崩齿处形成圆弧过渡，以延长锯条的使用寿命，如图 5-17 所示。

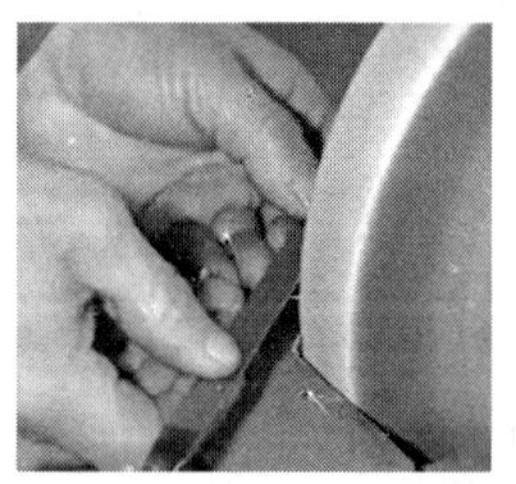

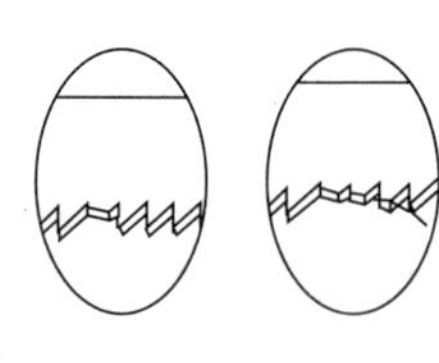

图 5-17　锯条的修磨

（5）锯削中途停歇时，不可将锯弓留在工件上，以免碰撞锯弓，造成锯条折断。

（6）工件将要锯断时，需用左手扶住断开部分，避免掉下砸伤脚，如图 5-18 所示。

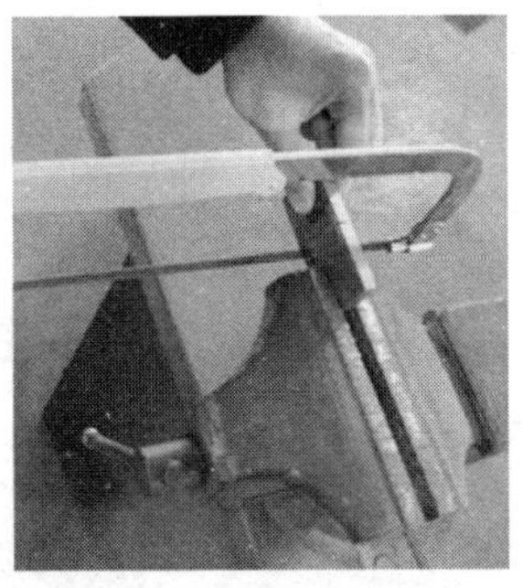

图 5-18　扶住工件断开部分

模块 3　技能训练

一、训练内容

完成如图 5-19 所示工件锯削加工。

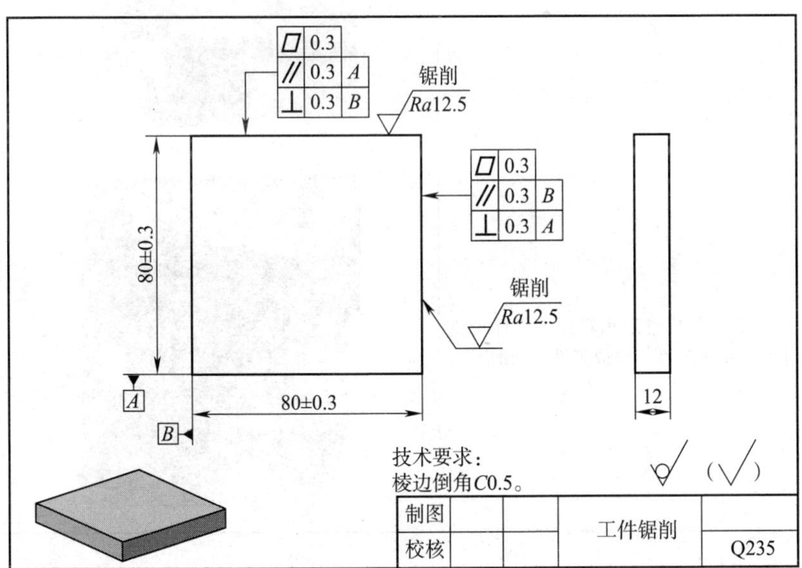

图 5-19　工件锯削

工件锯削加工步骤见表 5-6。

表 5-6　　锯削步骤

操作步骤	图示
1. 检查划线基准	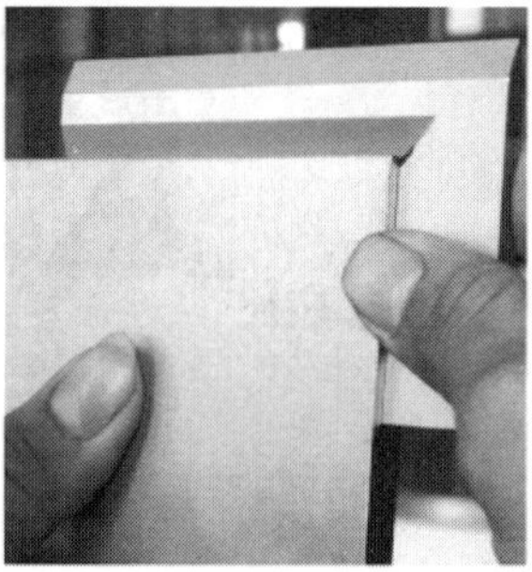
2. 利用高度划线尺划出工件加工的轮廓线	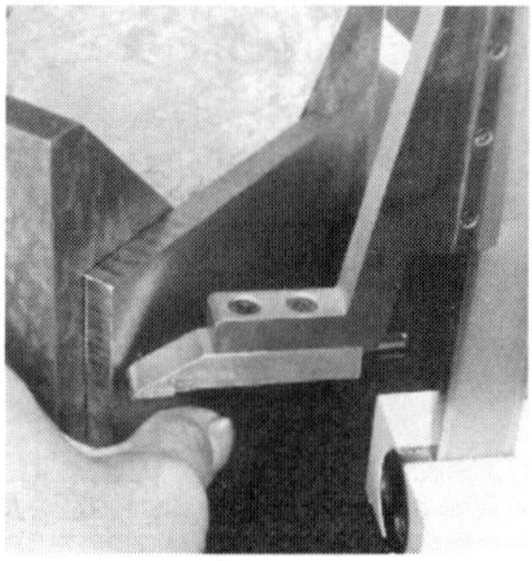
3. 起锯并检查起锯精度，以保证加工尺寸的准确性，完成工件锯削加工	

续表

操作步骤	图示
4. 检查工件锯削尺寸，并去除棱边毛刺	

二、技能测评

将测评结果填写在表 5-7 中。

表 5-7　　工件锯削评分标准

序号	检测项目	配分	检测记录	得分
1	锯条安装正确	7 分		
2	锯条松紧合适	7 分		
3	站立姿势正确	7 分		
4	握锯方法正确	7 分		
5	起锯方法正确	6 分		
6	锯削动作正确	6 分		
7	80±0.3，共 2 处	6 分×2		
8	⊥ 0.3 *A*	6 分		
9	⊥ 0.3 *B*	6 分		
10	// 0.3 *A*	6 分		
11	// 0.3 *B*	6 分		

续表

序号	检测项目	配分	检测记录	得分
12	⏥ 0.3，共 2 处	6 分×2		
13	$\sqrt{Ra12.5}$，共 2 处	6 分×2		
14	安全文明生产	酌情扣分		

第6单元

锉　削

利用锉刀对工件表面进行切削加工的方法称为锉削，如图 6-1 所示。

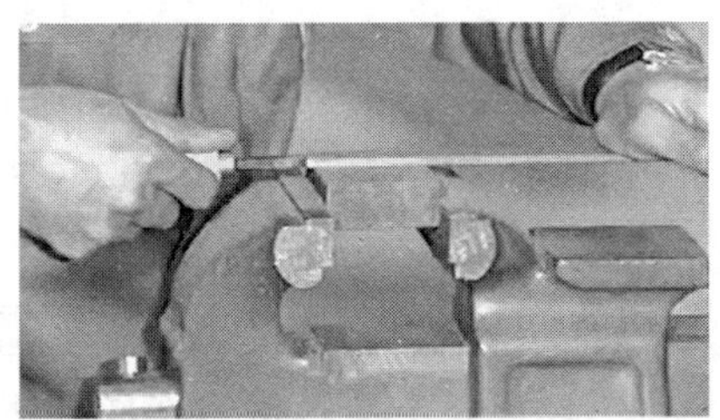

图 6-1　锉削

锉削一般是在錾削、锯削之后对工件进行的精度较高的加工，其精度可达 0.01 mm，表面粗糙度可达 $Ra0.8$ μm。

锉削的应用范围较广，应用锉削操作可以加工零件上各种成形面、沟槽，还可以用来完成零件之间的修配工作，以及制作角度样板等，见表 6-1。

表 6-1　　锉削的应用

序号	应用	图示
1	加工平面、内外圆弧面等成形表面	加工平面　加工内外圆弧面

续表

序号	应用	图示
2	加工各种沟槽	加工直角沟槽　加工燕尾沟槽
3	完成零件的修配任务	修配键槽
4	加工不同角度的样板	制作120°角度样板　制作60°样板

模块 1　锉刀

一、锉刀的结构

锉刀用高碳工具钢 T13 或 T12 制成，经热处理后切削部分硬度可达 62~72HRC。锉刀由锉身和舌部两部分组成，如图 6-2 所示。

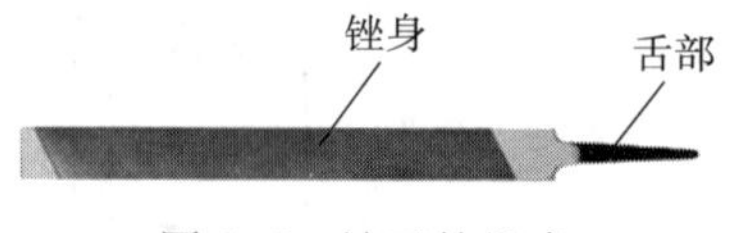

图 6-2　锉刀的组成

1. 锉身

锉身是锉刀的工作部分。锉身上加工有锉齿，按锉齿排列纹路不同，锉刀的锉齿纹路分为单齿纹和双齿纹，如图 6-3 所示。

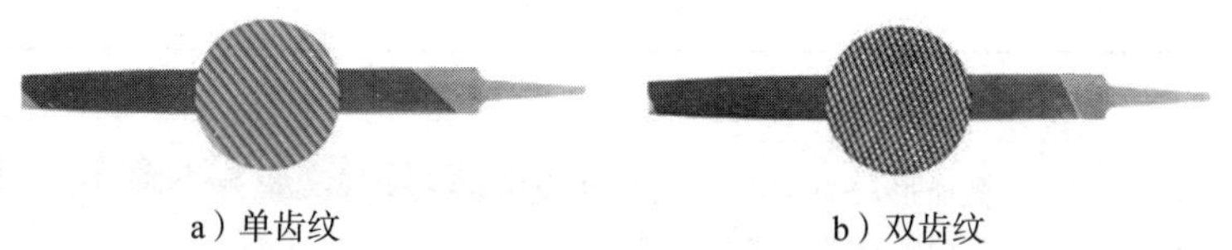

a）单齿纹　　b）双齿纹

图 6-3　锉刀的齿纹

单齿纹锉刀上只有一个方向的齿纹，锉齿之间留有较大的空隙，使得锉齿的强度下降，切削时全齿宽同时参与，需要较大的切削力，因此，单齿纹的锉刀适用于锉削软材料，如铝、铜等有色金属。

双齿纹锉刀上有两个方向排列的齿纹，锉削时，每个齿的锉痕交错而不重叠，锉面比较光滑，锉削产生的切屑为碎断状，切削比较省力，锉齿之间留有的空隙较小，有利于提高锉齿强度，因此，双齿纹的锉刀适用于锉削硬材料。

2. 舌部

锉刀的舌部是用来安装锉刀柄的，如图 6-4 所示。锉刀柄多以木质为主，在安装孔的外部套有铁箍，以防止安装锉刀时锉刀柄开裂。

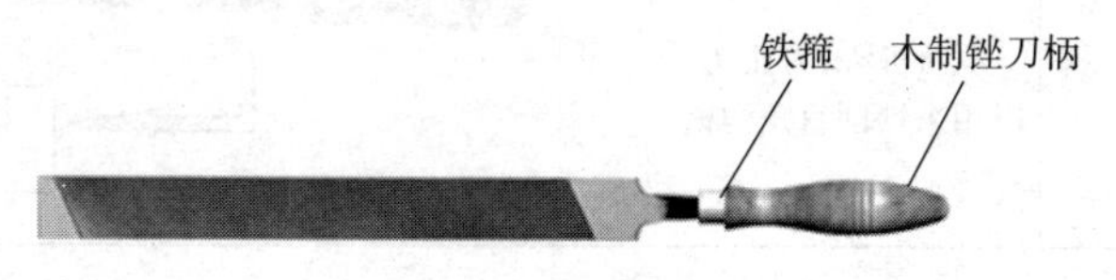

图 6-4　锉刀柄

二、锉刀的分类

钳工常用的锉刀按其用途不同，主要分为普通钳工锉和整形锉。

1. 普通钳工锉

普通钳工锉按其断面形状不同，分为平锉（板锉）、三角锉、圆锉、半圆锉和方锉五种，见表6−2。

表6−2　　普通钳工锉的断面形状

种类	说明	图示
平锉	截面形状为矩形，可以用来锉削零件的平面或外圆弧面	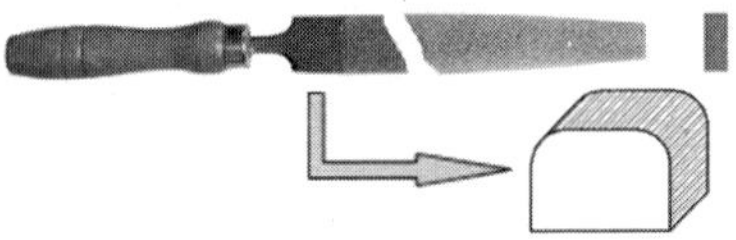
三角锉	截面形状为等边三角形，可以用来锉削60°燕尾槽	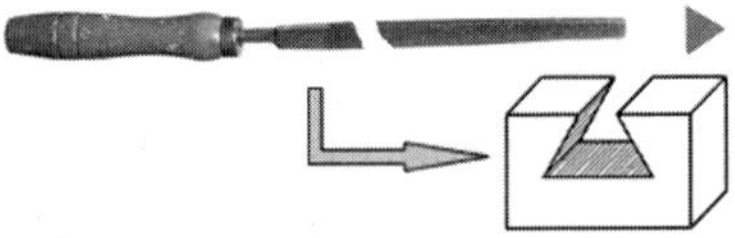
圆锉、半圆锉	圆锉的截面形状为圆形；半圆锉的截面形状为半圆形 圆锉和半圆锉可用来锉削内圆弧面	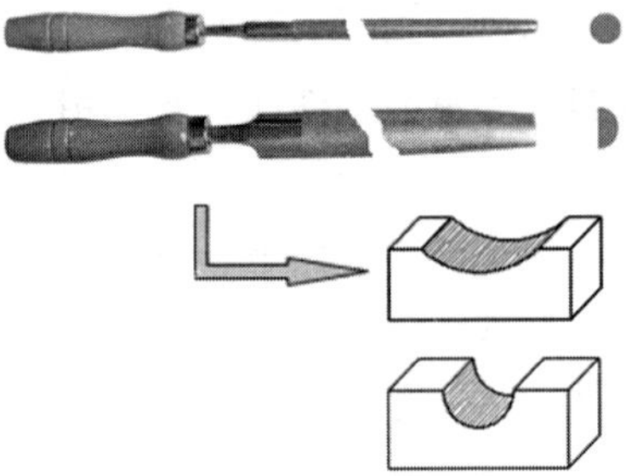
方锉	截面形状为正方形，可以用来锉削直角沟槽	

2. 整形锉

整形锉又称什锦锉或组锉，因分组配备各种截面形状的小锉而得名，整形锉主要用于修整工件上的细小部分，通常以5把、6把、8把、10把或12把为一组，如图6−5所示。

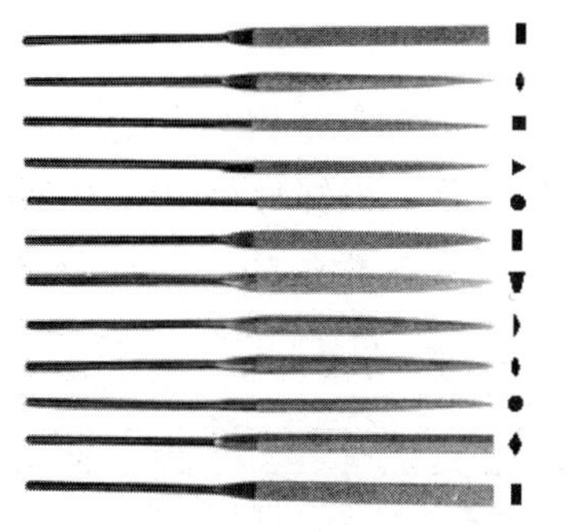

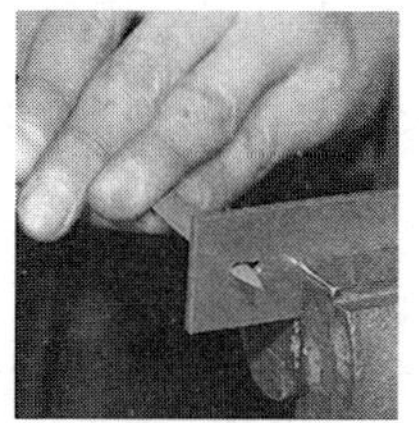

图 6-5　整形锉

三、锉刀的规格

锉刀的规格分为锉刀的尺寸规格和锉齿的粗细规格。

1. 锉刀的尺寸规格

不同截面形状的锉刀，其尺寸规格有所不同，见表 6-3。

表 6-3　　**锉刀的尺寸规格**

名称	说明	图示
圆锉	尺寸规格以其截面直径 d 表示，常用的尺寸规格有 6 mm、8 mm、10 mm、12 mm 等	d
方锉	尺寸规格以其截面边长 a 表示，常用的尺寸规格有 6 mm、8 mm、10 mm、12 mm 等	a
三角锉、半圆锉、平锉	尺寸规格以其锉身有效长度 L 表示，常用的尺寸规格有 100 mm、125 mm、150 mm、200 mm、250 mm、300 mm、350 mm 等	L

2. 锉刀的粗细规格

常用的锉刀按粗细规格不同，分为粗齿锉刀、中齿锉刀、细齿锉刀和油光锉刀等，锉齿的粗细规格，以锉刀每 10 mm 轴向长度内的主锉纹（起主要锉削作用的齿纹）条数来表示，见表 6–4。

表 6–4　　　　锉刀的粗细规格

规格（mm）	主锉纹条数（10 mm 内）			
	粗齿锉刀	中齿锉刀	细齿锉刀	油光锉刀
100	14	20	28	40
125	12	18	25	36
150	11	16	22	32
200	10	14	20	28
250	9	12	18	25
300	8	11	16	22
350	7	10	14	20

四、锉刀的选用

每种锉刀都有一定的用途，如果选择不当，就不能充分发挥其效能，甚至会过早地丧失切削能力。因此，锉削之前必须正确地选择锉刀。

（1）应根据被锉削零件表面形状和大小选用锉刀的断面形状和长度，锉刀形状应适应工件加工表面形状。

（2）锉刀的粗细规格选择，取决于工件材料的性质、加工余量的大小、加工精度和表面粗糙度要求的高低。例如，粗锉刀由于齿距较大不易堵塞，一般用于锉削铜、铝等软金属及加工余量大、精度低和表面粗糙的零件；而细锉刀则用于锉削钢、铸铁以及加工余量小、精度要求高和表面粗糙度低的工件。

各种粗细规格的锉刀适宜的加工余量和所能达到的加工精度及

表面粗糙度见表 6-5，供选择锉刀粗细规格时参考。

表 6-5　　锉刀齿纹粗细规格的选用

锉刀粗细规格	适用场合		
	锉削余量（mm）	尺寸精度（mm）	表面粗糙度（μm）
粗齿锉刀	0. 5～1	0. 2～0. 5	*Ra*100～25
中齿锉刀	0. 2～0. 5	0. 05～0. 2	*Ra*25～6. 3
细齿锉刀	0. 1～0. 3	0. 01～0. 05	*Ra*12. 5～3. 2
油光锉刀	0. 1 以下	0. 01	*Ra*1. 6～0. 8

五、锉刀柄的安装与拆卸

锉刀柄安装时，敲击力不可过大，以免锉刀柄开裂，锉削时刺伤操作者的手部，同时，安装锉刀柄时还需要检查锉刀柄与锉刀刀身之间的直线度，锉刀柄安装歪斜将影响锉削的平稳性，如图 6-6 所示。

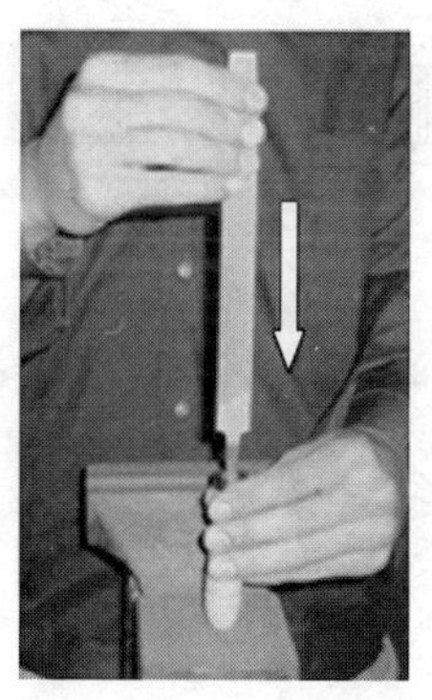
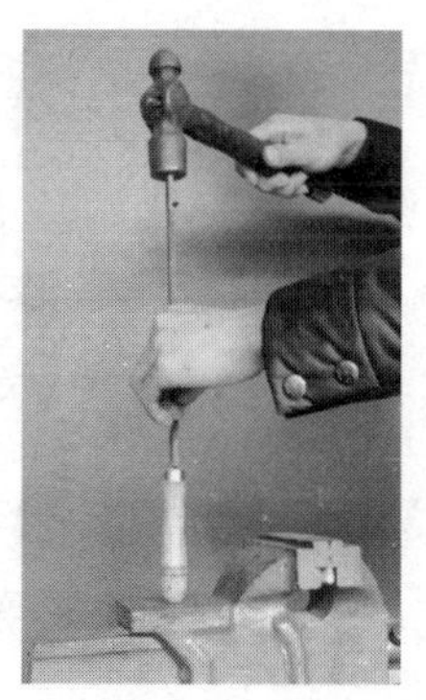

图 6-6　锉刀柄的安装

当锉刀柄开裂、锉刀柄安装质量不高等需要拆卸时，可在平板或台虎钳钳口上轻轻将锉刀柄敲松后取下，如图 6-7 所示。

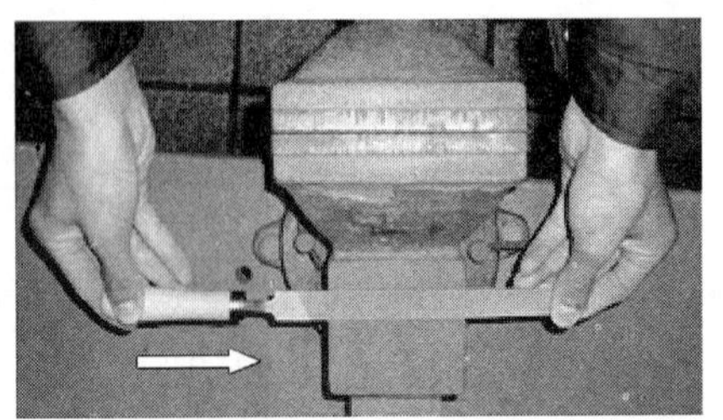

图 6-7　锉刀柄的拆卸

模块 2　锉削方法

一、锉削时的站位姿势

锉削时的站位姿势与锯削时的站位姿势相同，如图 6-8 所示。

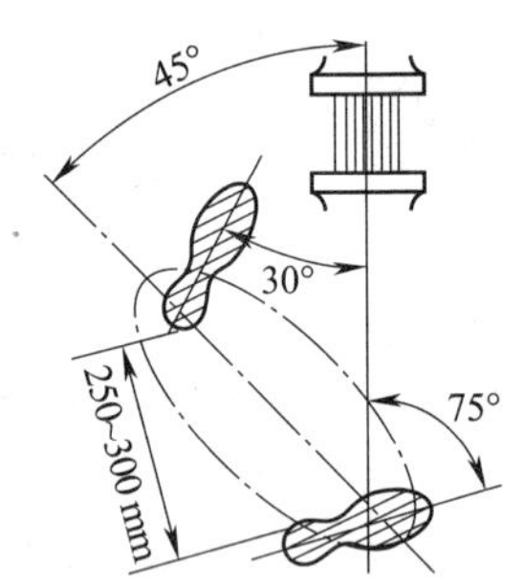

图 6-8　锉削时的站位姿势

二、握锉刀的姿势

1. 右手握锉刀的姿势

右手握锉刀的姿势如图 6-9 所示。

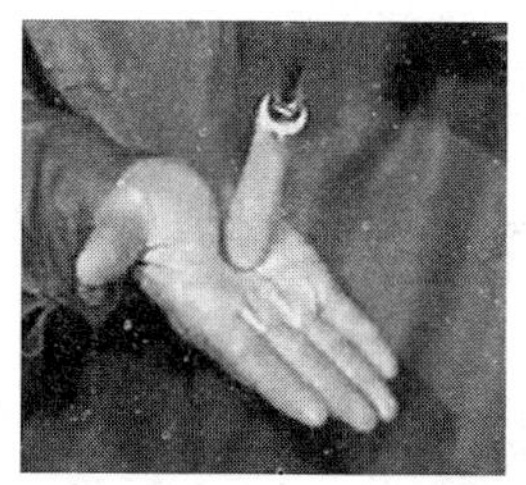 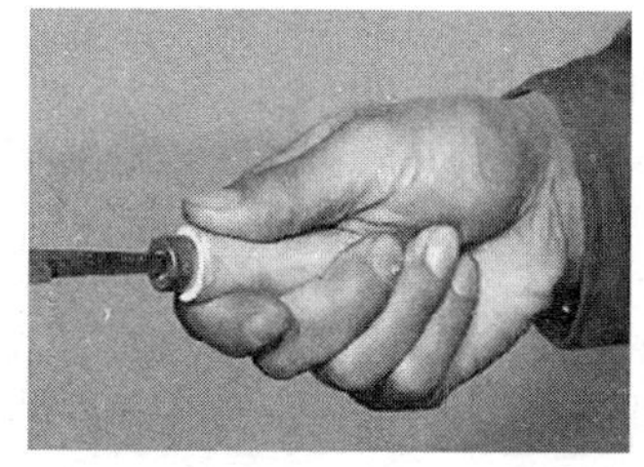

图 6-9　右手握锉刀的姿势

将锉刀柄尾端抵在右手大拇指根部的手掌处。大拇指按放在锉刀柄上部，其余手指由下而上顺势握住锉刀柄，握锉时应注意不可将锉刀柄握死，用力点应落于掌心。

2. 左手握锉刀的姿势

左手握锉刀的姿势有掌面压齿法和指面压齿法，其操作方法见表 6-6。

表 6-6　　左手握锉刀的姿势

方法	姿势说明	图示
掌面压齿法	左手掌面压住锉刀头部，手指反扣住锉身头部。锉削时，左手作用于锉刀上的力较大，产生的切削力较大，所以加工效率较高，但加工精度比较低，一般用于粗加工场合	
指面压齿法	左手食指、中指和无名指压住锉刀中部。锉削时，左手作用于锉刀上的力较小，产生的切削力较小，所以加工效率较低，但加工精度比较高，尤其能较好地控制锉面的平面度和表面粗糙度，常用于精加工的场合	

三、锉削平面

锉削平面时主要采取顺向锉削和交叉锉削两种方法。

1. 顺向锉削

顺向锉削是顺着零件轮廓方向锉削的方法，分为纵向锉削和横向锉削，见表 6-7。

表 6-7　　顺向锉削说明

方法	操作说明	图示
纵向锉削	纵向锉削时锉刀运动方向与工件的长度方向相平行 纵向锉削时锉刀与工件表面接触面积较大，产生的切削力较小，所以每一次去除的加工余量较小，但能获得较好的表面质量，一般用于零件的精加工场合	锉刀 零件
横向锉削	横向锉削时锉刀运动方向与工件的长度方向相垂直 横向锉削时，由于每一次锉削时锉刀与工件表面的接触面积比较小，因而产生的切削力较大，能快速去除工件表面上多余的加工余量，但加工后工件表面质量较差，所以这种锉削方法一般应用于粗加工场合	零件 锉刀

2. 交叉锉削

交叉锉削常用来加工方钢或圆钢零件的端面，如图 6-10 所示。锉削时，通过不断改变锉削方向以提高工件端面的平面度精度，但锉面纹路比较凌乱，所获得的表面粗糙度精度较低，一般应用于粗加工。

3. 锉削时的动作要领

（1）锉削动作应协调自如，左臂弯曲，小臂应与零件锉削面左

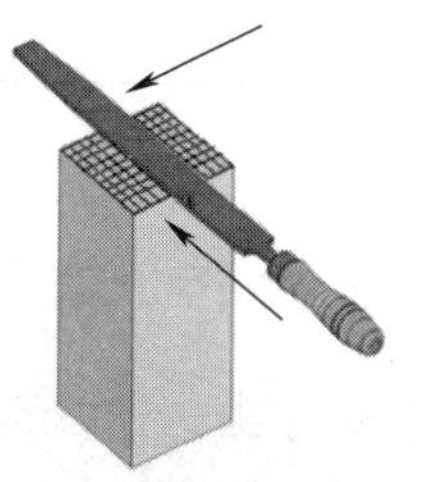

a）锉削方钢端面

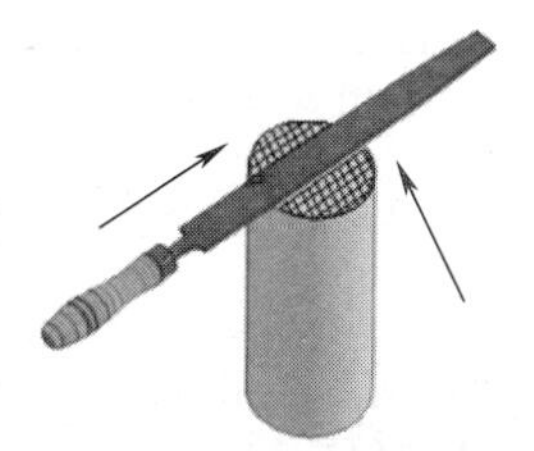

b）锉削圆钢端面

图 6-10　交叉锉削

右方向基本保持平行；右小臂要与零件锉削面前后方向基本保持平行，且小臂紧贴于身体侧面，小臂、手腕、锉刀基本成一直线，如图 6-11 所示，各行程动作要领见表 6-8。

图 6-11　锉削动作协调

表 6-8　　锉削时各行程动作要领

序号	动作要领	图示
1	锉削时，身体前倾并与锉刀一起向前，右腿伸直并稍向前倾，重心在左脚，左膝部呈弯曲状态	10°

续表

序号	动作要领	图示
2	当锉刀锉至约 3/4 行程时，身体停止前进，两臂则继续推动锉刀向前锉削	
3	锉刀推锉至全行程时，左脚自然弯曲并随着锉削时的反作用力，将身体重心后移，并顺势收回锉刀	
4	锉刀收回至起始位置时，身体又开始先于锉刀前倾，做下一次锉削的向前运动	

（2）锉削时需控制两手用力平衡，见表6-9。

表6-9　锉削时的两手用力平衡

序号	操作要领	图示
1	锉削过程中，右手的压力要随锉刀推动而逐渐增加，左手的压力要随锉刀推动而逐渐减小	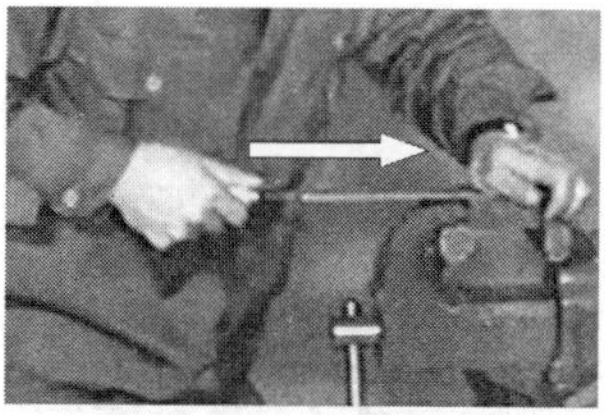
2	锉削至1/2行程时，右手的压力与左手的压力基本相等	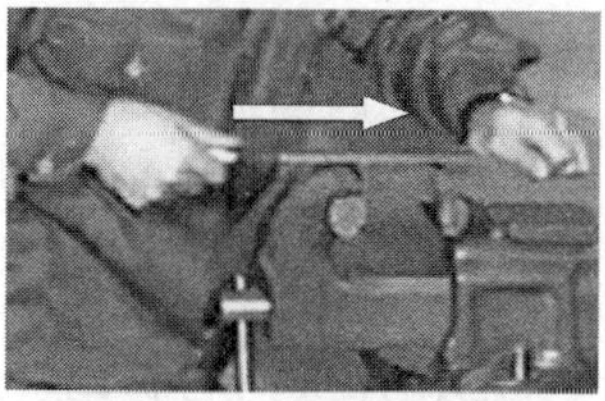
3	锉削回程时，锉刀为空回程，应避免与工件表面相接触，但为了控制下一锉削过程的平衡，此时右手的压力要随锉刀回程而逐渐减小，左手的压力要随锉刀回程而逐渐增大	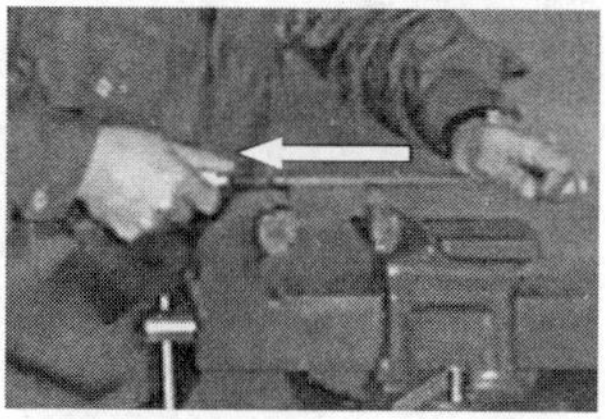

（3）锉削速度一般应在40次/分左右，推出时稍慢，回程时稍快，动作要自然协调。

四、锉削曲面

1. 锉削外圆弧曲面

锉削外圆弧曲面的方法见表6-10。

表 6-10　　锉削外圆弧曲面的方法

方法	操作要领	图示
纵向锉削外圆弧曲面	锉削时锉刀向前，右手下压，左手随着上提。这种方法能使圆弧面光洁圆滑，但锉削位置不易掌握且效率不高，常用于圆弧面的精加工	
横向锉削外圆弧曲面	锉削时锉刀做直线运动，并不断随工件圆弧面摆动。这种方法锉削效率较高且便于按轮廓线均匀地加工出圆弧线，但只能锉成近似圆弧面的多棱面，加工精度较低，常用于圆弧面的粗加工	

2. 锉削内圆弧曲面

锉削内圆弧曲面的方法如图 6-12 所示。锉削内圆弧曲面选用圆锉、半圆锉等锉刀。锉削时锉刀要同时完成三个运动：前进运动、随圆弧面向左或向右移动、绕锉刀中心线转动，这样才能保证圆弧面光滑、平整。

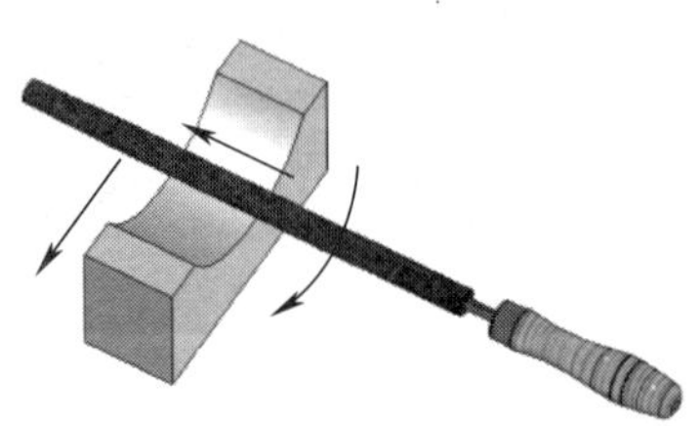

图 6-12　锉削内圆弧曲面的方法

3. 推锉圆弧曲面

推锉圆弧曲面的方法如图 6-13 所示。由于推锉时易于掌握锉刀的平衡，且切削量小，便于获得较平整的加工表面和较小的表面粗糙度值，因此，常在内圆弧面和外圆弧面的加工中采用，圆弧面推锉时只能按纵向方向加工。

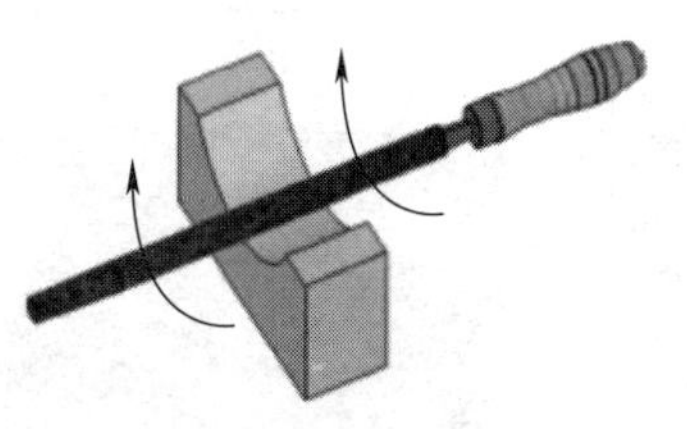

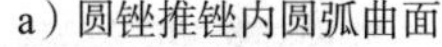

a）圆锉推锉内圆弧曲面

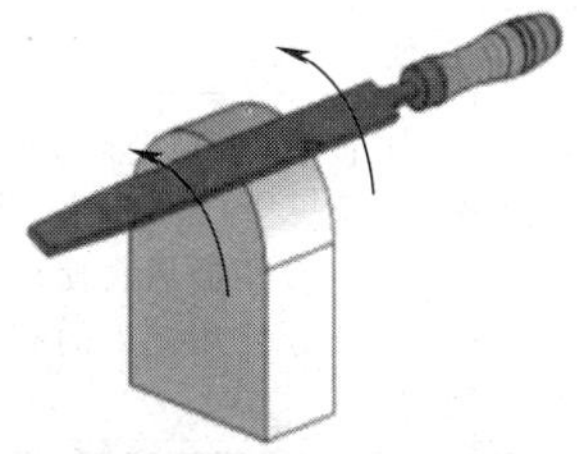

b）平锉推锉外圆弧曲面

图 6-13　推锉圆弧曲面

4. 锉削球面

锉削球面的方法如图 6-14 所示。锉削球面时，锉刀要以纵向和横向两种锉削移动结合进行，才能获得满足要求的球面。

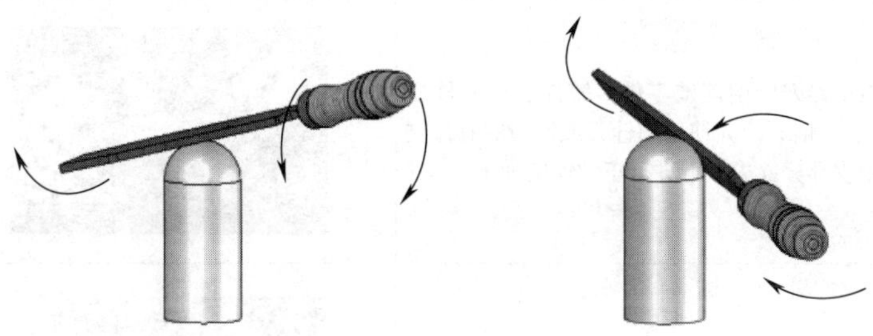

图 6-14　锉削球面的方法

模块 3　锉刀的保养

锉刀是钳工锉削操作时重要的工具，在日常使用时应对锉刀进行保养，锉刀使用、保养的具体要求见表 6-11。

表 6-11　　锉刀的使用、保养要求

使用、保养方法	图示 
锉刀进行锉削加工时，自身受到零件的摩擦，也会产生磨损，为延长锉刀的使用寿命，使用锉刀常先使用一面，等用钝后再使用另一面。同时，粗锉时，应充分使用锉刀的有效全长，避免锉刀局部磨损	
锉削时，若锉屑嵌入齿缝内，需及时用钢丝刷清除锉齿上的切屑，以免影响零件表面的锉削质量，同时也可延长锉刀的使用寿命 用钢丝刷清除锉齿上的铁屑时，要顺着锉纹槽的方向刷除	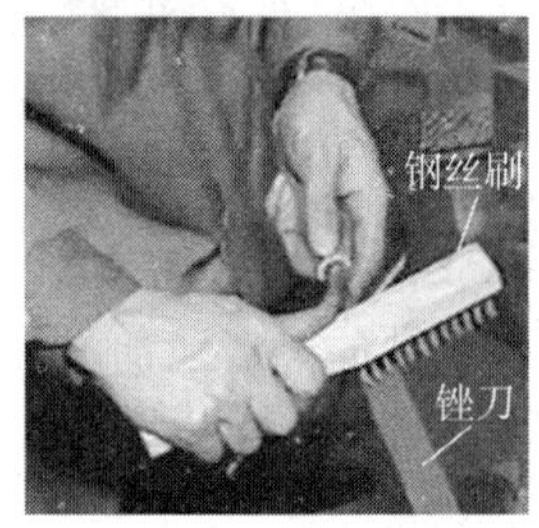
不能用锉刀锉削淬硬零件，铸件表面有硬皮（氧化层）时，应先使用旧锉刀或锉刀的有齿侧边将硬皮部分锉去，再进行正常锉削加工	
锉刀表面不可沾水、沾油，锉刀使用完毕，必须用钢丝刷清刷干净，以免生锈。锉刀不可与其他工具或工件堆放在一起，也不可与其他锉刀互相重叠堆放，以免损坏锉齿，影响锉刀的使用寿命	 锉刀摆放错误  锉刀摆放正确

模块 4　技能训练

一、训练内容

加工如图 6-15 所示 T 形工件，备料尺寸为 71 mm×51 mm×10 mm 的 Q235 钢板料。

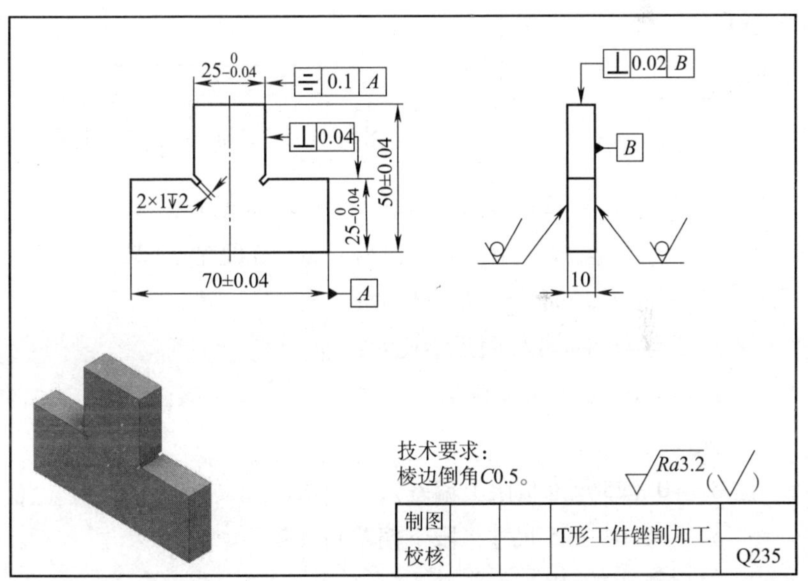

图 6-15　T 形工件锉削加工

加工步骤提示：

（1）检查毛坯外形尺寸及相关形位误差。

（2）锉削外形尺寸 70 mm 和 50 mm，保证尺寸精度，并记录 70 mm 尺寸的实际数值。

（3）如图 6－16 所示，先加工角 1，用锉削保证 47.5 mm 和 $25_{-0.04}^{0}$ mm 的尺寸精度。加工 47.5 mm 尺寸时需考虑对称度的要求，47.5 mm 尺寸的极限尺寸用 N_{max}、N_{min} 表示，参考图 6－17 分析，可以使用经验公示进行计算。

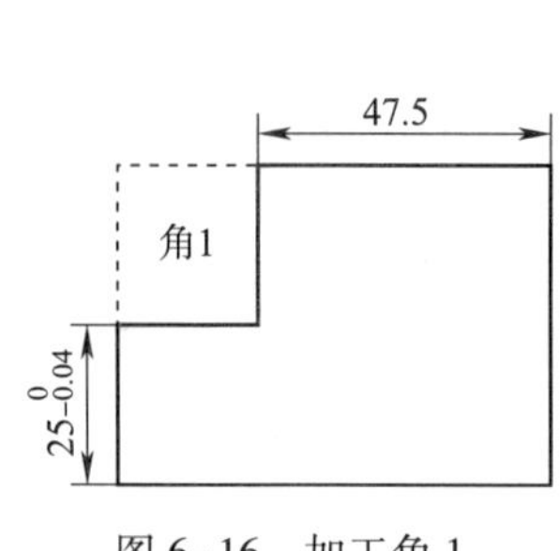

图 6－16　加工角 1

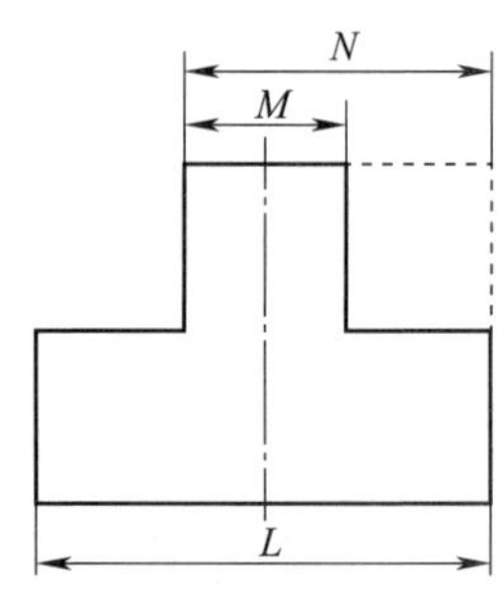

图 6－17　47.5 mm 极限尺寸计算

$$N_{max}=L_{实际}\div 2+(M_{基本尺寸}\div 2+\delta_{上})+(对称度允差\div 2)$$

$$N_{min}=L_{实际}\div 2+(M_{基本尺寸}\div 2+\delta_{下})-(对称度允差\div 2)$$

式中　N_{max} 为 47.5 mm 极限最大尺寸；

N_{min} 为 47.5 mm 极限最小尺寸；

$L_{实际}=70$ mm 尺寸实际值；

$M_{基本尺寸}=25$；

$\delta_{上}=0$（25 尺寸极限上偏差）；

$\delta_{下}=-0.04$（25 尺寸极限下偏差）；

对称度允差＝0.1 mm。

（4）如图 6－18 所示，再加工角 2，用锉削保证尺寸 $25_{-0.04}^{0}$ mm，并保证对称度要求。

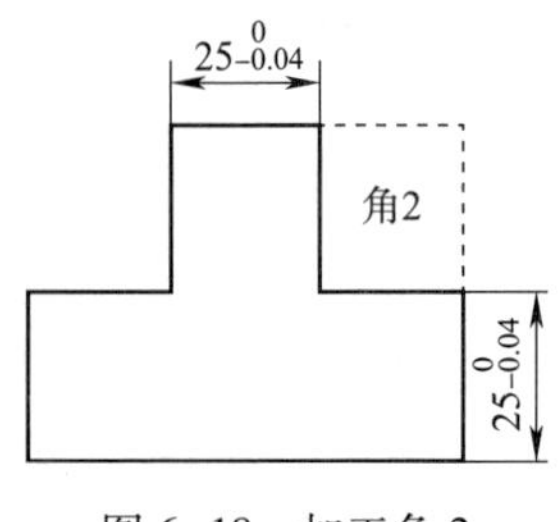

图 6－18　加工角 2

（5）使用百分表测量检验零件对称度，如图 6－19 所示。

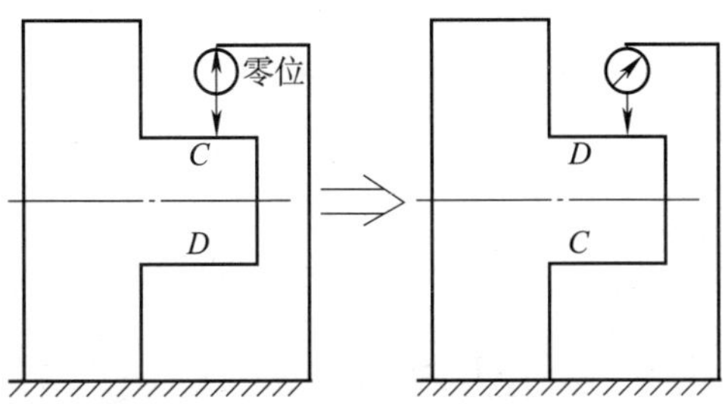

图 6-19　使用百分表检测零件对称度

二、技能测评

将测评结果填写在表 6-12 中。

表 6-12　　T 形零件锉削加工评分标准

序号	检测项目	配分	检测记录	得分
1	70±0.04	8 分		
2	50±0.04	8 分		
3	$25_{-0.04}^{0}$，共 3 处	10 分×3		
4	⌯ 0.1 A	12 分		
5	⊥ 0.04，共 2 处	8 分×2		
6	⊥ 0.02 B，共 8 处	1 分×8		
7	$\sqrt{Ra3.2}$，共 8 处	1 分×8		
8	安全文明生产	10 分		

第7单元 孔加工

孔加工是利用孔加工刀具在零件上切削加工成型孔的操作方法。钳工常采用的孔加工方法主要有：钻孔、扩孔、锪孔、铰孔等，如图 7-1 所示。

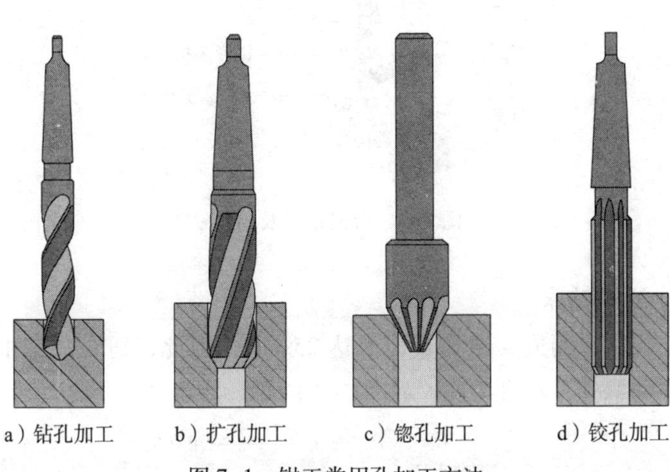
a）钻孔加工　b）扩孔加工　c）锪孔加工　d）铰孔加工

图 7-1　钳工常用孔加工方法

模块 1　孔加工设备

钻床是钳工完成孔加工所使用的常用机床。利用钻床，可以完成钻孔、扩孔、锪孔以及铰孔等加工。

一、常用钻床

1. 台式钻床

台式钻床是放置在台桌上使用的小型钻床，如图7-2所示，主要用于钻削中、小型零件上直径小于13 mm的孔。台式钻床结构简单，主要适用于单件、小批生产。

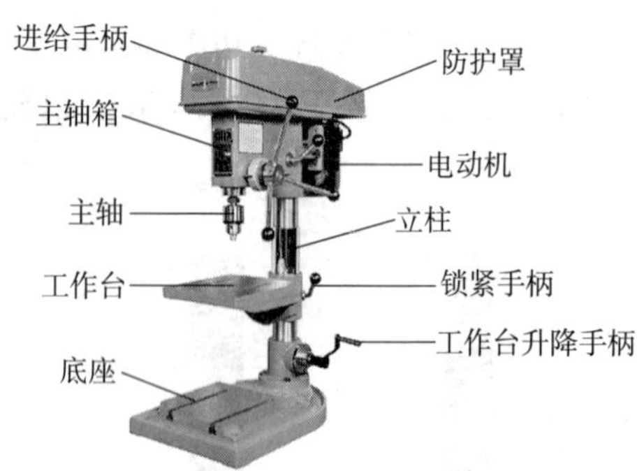

图7-2　台式钻床及结构

2. 立式钻床

立式钻床的最大钻孔直径可达25 mm，因此，适合加工中、小型零件的单件、小批生产，如图7-3所示。

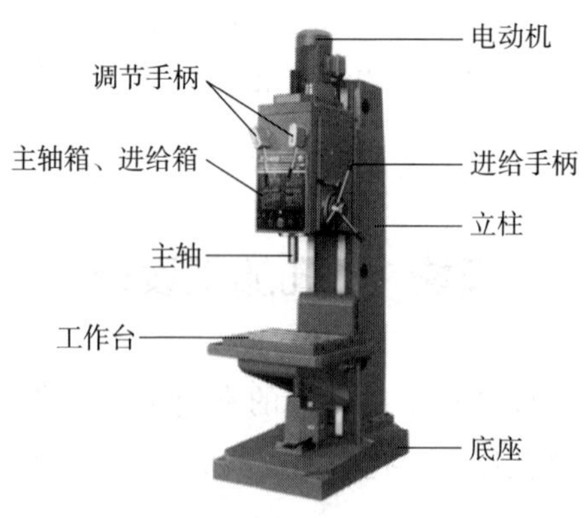

图7-3　立式钻床及结构

3. 摇臂钻床

摇臂钻床适合于大型工件或多孔工件的钻削，如图 7-4 所示。

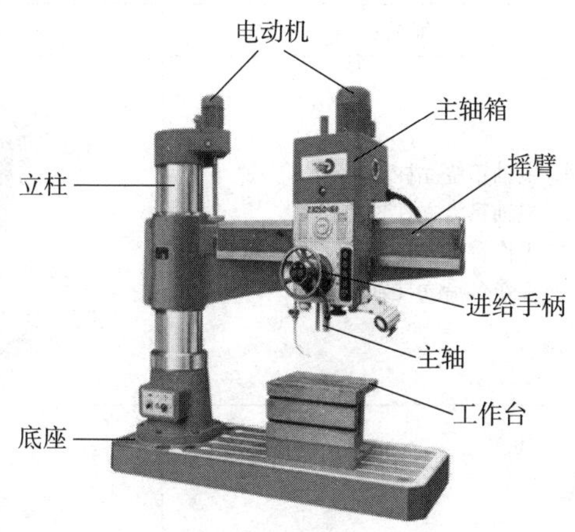

图 7-4　摇臂钻床及结构

二、钻床运动

1. 切削运动

钻床的切削运动有两个，即主运动和进给运动。主运动是形成切屑所需的运动；进给运动是将毛坯材料不断投入切削的运动。钻床的切削运动如图 7-5 所示。台式钻床、立式钻床、摇臂钻床的主运动和进给运动都相同，其主运动是钻床主轴的旋转运动，进给运动是钻床主轴的轴向移动。

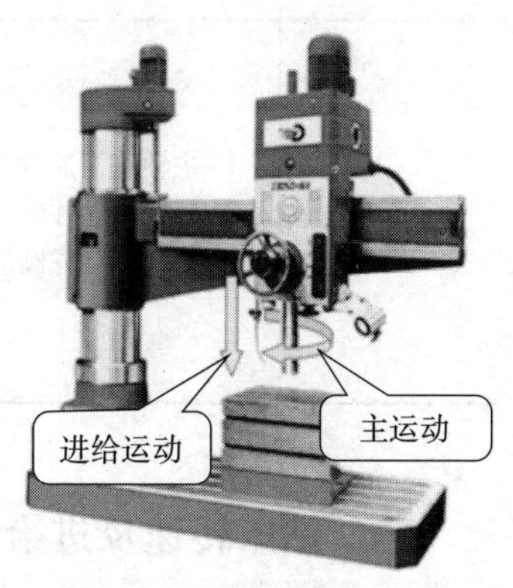

图 7-5　钻床的切削运动

2. 辅助运动

为了方便零件在钻床上的装夹、定位，钻床还具有若干辅助运动，见表7-1。

表7-1　　钻床的辅助运动

钻床类型	辅助运动	图示
台式钻床	1. 主轴箱绕立柱旋转 2. 主轴箱沿立柱轴向移动 3. 工作台绕立柱旋转 4. 工作台沿立柱轴向移动	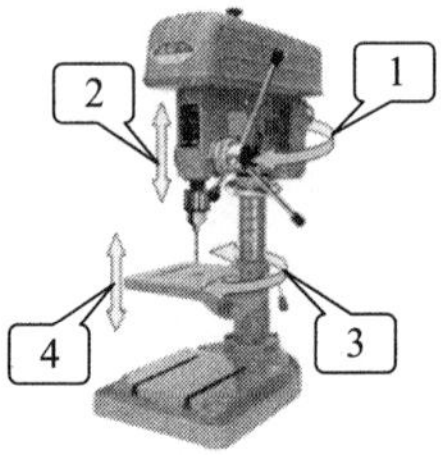 2 1 4 3
立式钻床	工作台沿立柱轴向移动	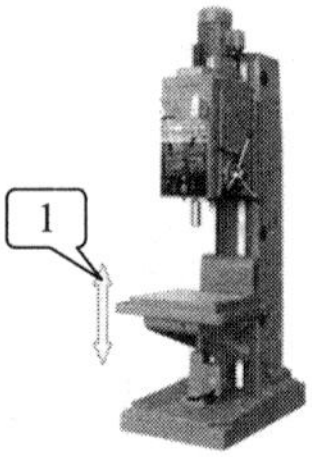 1
摇臂钻床	1. 主轴箱沿摇臂导轨水平移动 2. 摇臂沿立柱轴向移动 3. 摇臂绕立柱圆周旋转	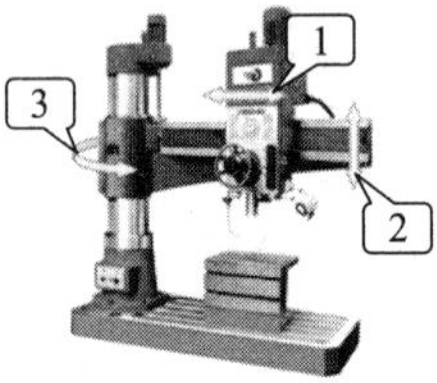 1 3 2

三、钻床转速及进给量调整

1. 台式钻床

台式钻床的转速调整方法见表7-2。

由于台式钻床的进给运动为手动进给，进给量的调整主要依靠操作者的熟练程度来控制，如图 7-6 所示。

表 7-2　　　　台式钻床的转速调整方法

操作说明	图示
台式钻床的转速主要依靠调整钻床主轴箱内的五级带轮组来实现	 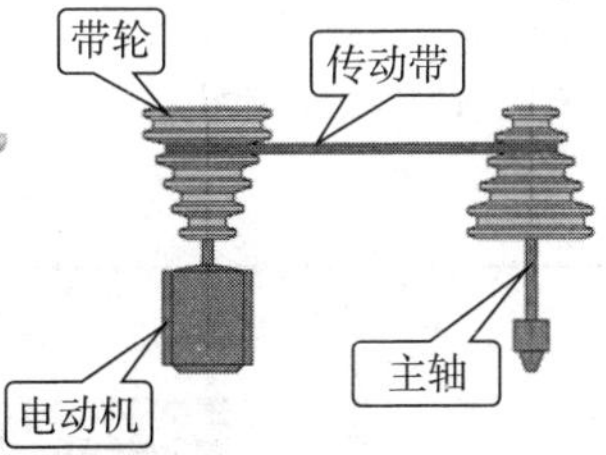
通过调整五级带轮组，台式钻床可获得五种不同的转速，传动带位置由上至下分别对应的转速为由高至低	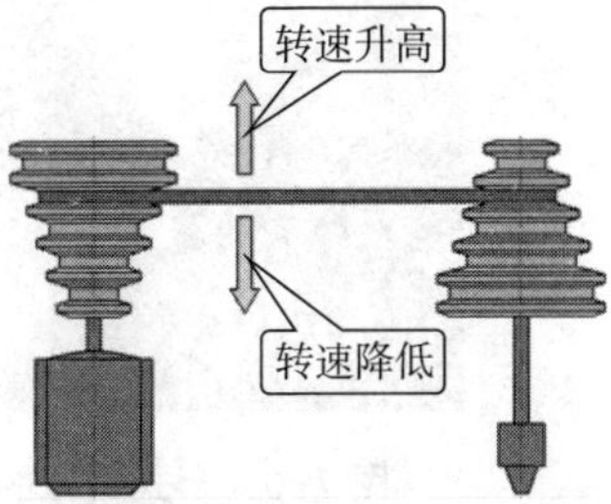
转速由高向低调整时，应先向下调整电动机侧带轮，然后向下调整主轴侧带轮；若转速由低向高调整，则调整顺序相反	
转速调整时，不可使用撬棍等工具强行调整皮带轮，否则容易损坏传动带，缩短其使用寿命	

续表

操作说明	图示
转速调整后，传动带应处于带轮水平位置，否则将增大传动带与带轮槽之间的摩擦，加快传动带的磨损	 传动带处于水平位置 调整正确  传动带上下错位 调整错位

图 7-6　台式钻床的进给量调整

2. 立式钻床与摇臂钻床

立式钻床和摇臂钻床的转速调整是通过调节手柄来实现的，如图 7-7 所示。根据零件的加工要求，操作者扳动调节手柄，可以获得不同的转速。

手动进给时，进给量的调整方法与台式钻床进给量的调整方法相同。立式钻床和摇臂钻床机动进给时，通过调节手柄完成进给量的调整，同时，需压下机动进给转换手柄，并向外拉出离合器连接装置，使钻床主轴运动能通过离合器带动进给手柄实现自动进给，如图 7-8 所示。

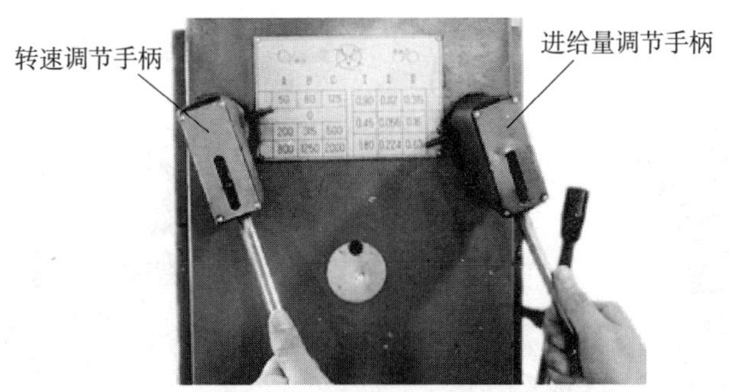

图 7-7　立式钻床和摇臂钻床的转速调整

a）压下转换手柄

b）向外拉出离合器

图 7-8　立式钻床和摇臂钻床机动进给时的进给量调整

四、钻床常用辅具

钻床上使用的辅具主要有：钻夹头、钻头套、手虎钳、平口钳、压板及 V 形垫铁等。

1. 钻夹头

钻夹头的装夹范围较小，一般用来装夹直径为 2～13 mm 的直柄刀具，如图 7-9 所示。安装或拆卸孔加工刀具时，使用钻钥匙将其夹紧或松开，如图 7-10 所示。

图 7-9　钻夹头

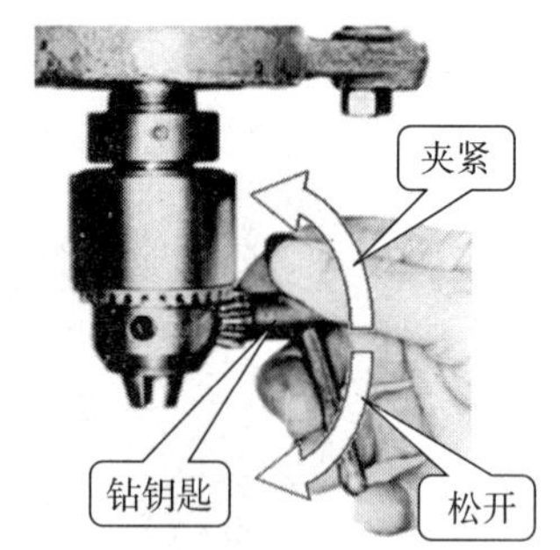

图 7-10　钻夹头安装或拆卸刀具

2. 钻头套

钻头套主要用来装夹直径大于 13 mm 的锥柄刀具，通过钻头套的莫氏锥度夹紧刀具，如图 7-11 所示。锥柄刀具用莫氏锥套直接与钻床主轴连接。

钳工常用的钻头套有 1 号、2 号、3 号、4 号、5 号等，钻头套的结构如图 7-12 所示。钻头套内外锥度不相同，一般内锥比外锥小一号，例如 1 号钻头套的内锥为 1 号，其外锥为 2 号；2 号钻头套的内锥为 2 号，外锥为 3 号，以此类推。

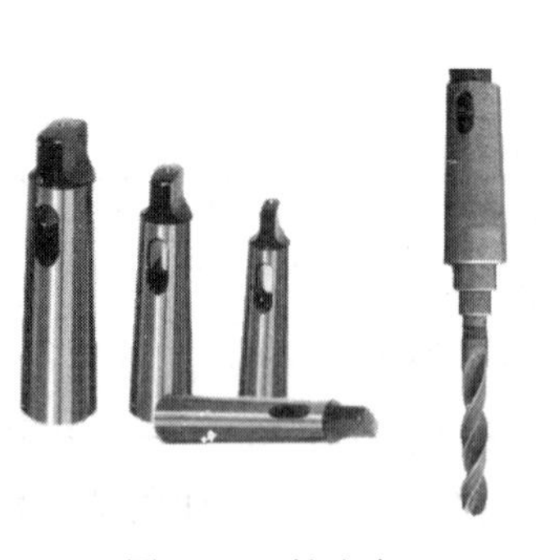
图 7-11　钻头套

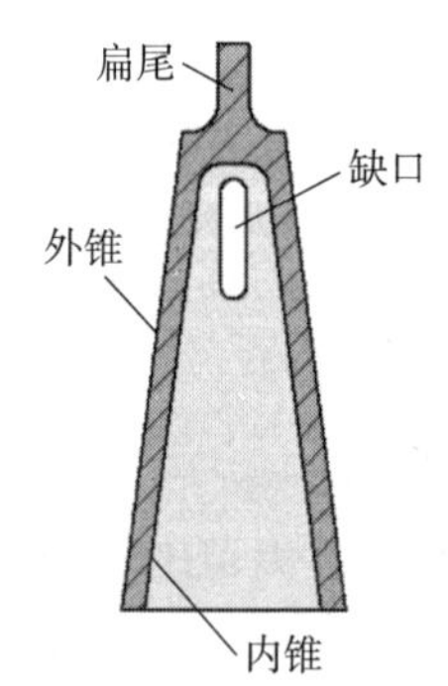

图 7-12　钻头套的结构

装夹标准锥柄麻花钻时，可根据麻花钻的直径 d 选择合适的钻头套，见表 7-3。

表 7-3 钻头套的装夹范围

<table>
<tr><td colspan="2">
</td></tr>
<tr><td>锥柄麻花钻直径（d）</td><td>钻头套号数</td></tr>
<tr><td>13~14 mm</td><td>1 号</td></tr>
<tr><td>14.25~23 mm</td><td>2 号</td></tr>
<tr><td>23.25~31.75 mm</td><td>3 号</td></tr>
<tr><td>32~50.50 mm</td><td>4 号</td></tr>
<tr><td>51~76 mm</td><td>5 号</td></tr>
</table>

钻头套的安装与拆卸方法见表 7-4。

表 7-4 钻头套的安装与拆卸方法

<table>
<tr><th>操作要领</th><th>图示</th></tr>
<tr><td>安装钻头套时，将钻头套的缺口与钻床主轴上的缺口对齐，并将钻头套向上配入主轴莫氏锥孔中（需略带冲击力），安装完成后，能够在主轴缺口中清楚地看到钻头套的扁尾</td><td>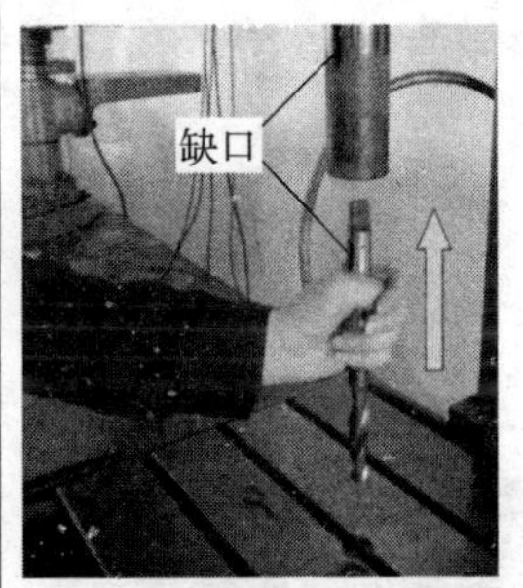

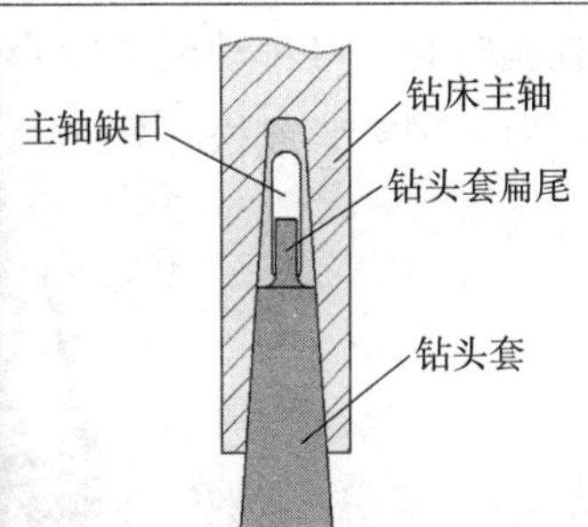
</td></tr>
<tr><td>拆卸时，将斜铁的小端插入主轴缺口中，用锤子锤击斜铁大端，利用斜铁斜面产生的压力将钻头套从钻床主轴锥孔中拆下，拆卸中应用左手握住钻头套，防止钻头套掉落而损坏</td><td>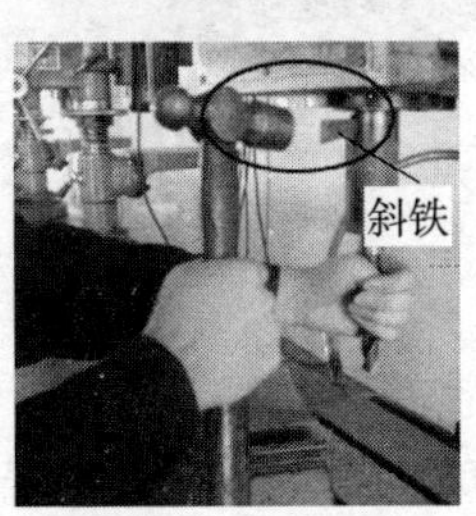

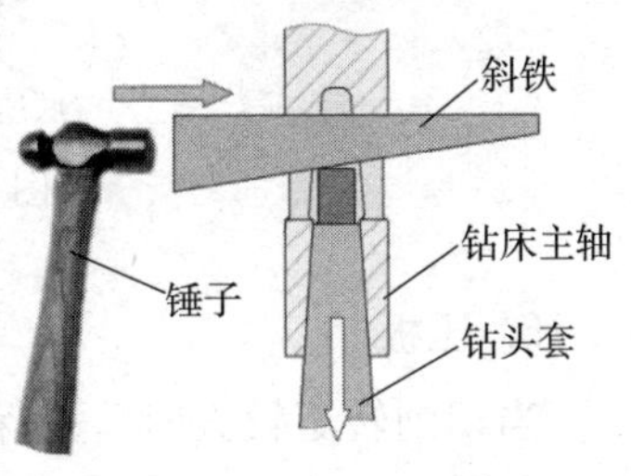
</td></tr>
</table>

3. 手虎钳

手虎钳一般用来装夹小型零件或薄壁零件，如图 7-13 所示。由于手虎钳装夹零件后，钻孔中心线无法保证与孔口表面相垂直，因此，钻孔精度较低。

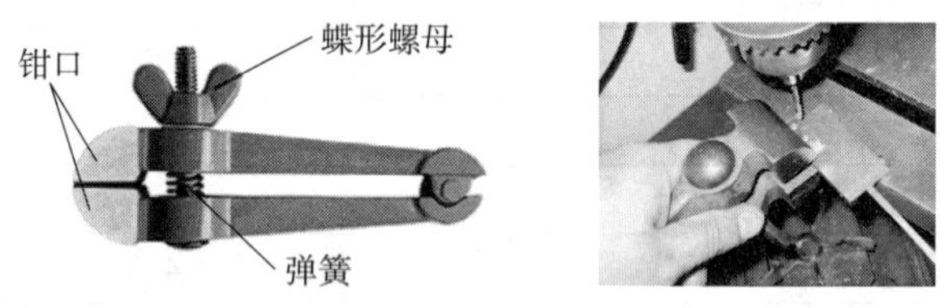

图 7-13　手虎钳

4. 平口钳

平口钳一般用来装夹小型零件，如图 7-14 所示。在手柄的转动下，带动丝杠作旋转运动，活动钳身内装有与丝杠配合的螺母，丝杠旋转时，可带动活动钳身做直线运动，在固定钳身的配合下，平口钳实现夹紧或松开零件。

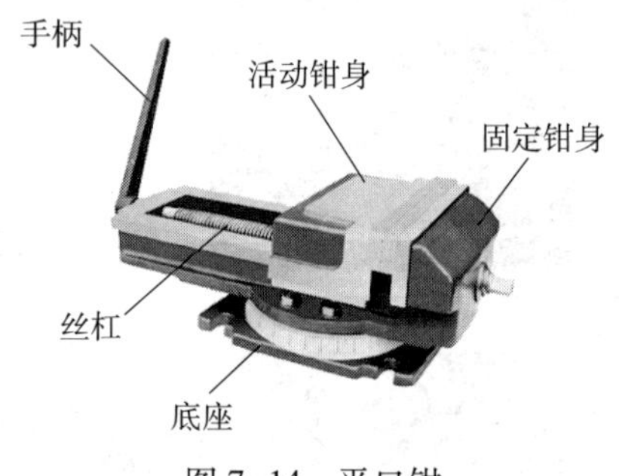

图 7-14　平口钳

5. 压板

当切削转矩较大时，为保证装夹的可靠和操作安全，工件可以使用压板进行装夹，如图 7-15 所示。将 T 形螺杆装入钻床工作台面的 T 形槽中，根据零件高度，调节垫铁的高度（为保证压板压紧力始终作用在工件上，垫铁的高度应比零件高出 2~5 mm），并将螺母拧紧，以保证零件加工时的稳定性。

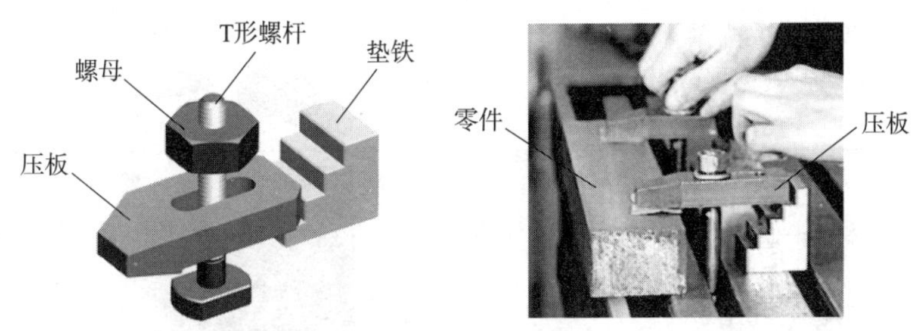

图 7-15　压板

6. V 形垫铁

V 形垫铁常与压板配合使用，主要用来在钻床工作台面上安装轴类零件，如图 7-16 所示。

图 7-16　V 形垫铁

五、钻床操作安全规程

钻床操作安全规程见表 7-5。

表 7-5　　钻床操作安全规程

说明	图示
操作钻床时必须戴好防护眼镜，严禁戴手套，女生不得穿高跟鞋，女生必须戴工作帽且发辫应挽在工作帽内	
操作钻床时必须正确穿戴工作服，袖口必须扎紧，避免钻床主轴旋转时，将袖口卷入，引起人身伤害事故	
开动钻床时，钻钥匙不可留在钻夹头上，以免钻钥匙在旋转离心力作用下飞出，砸伤操作者、损坏钻钥匙和钻夹头	 钻钥匙
钻屑的边缘非常锋利，清除时，为避免割伤操作者，应用毛刷进行清理，切不可用手、棉纱或嘴吹的方法清除切屑	
钻床主轴转速较高，停车时应让主轴自然停止，不可用手进行制动或刹车，以免造成操作者手部受伤，也不能依靠钻床的反转进行制动，以免造成钻床的损坏	
检验工件和变换主轴转速，必须在停车状态下进行，否则容易造成操作者人身伤害事故，同时，也会损坏量具和机床设备	

模块 2　钻孔

使用麻花钻在实体材料上加工孔的方法，称为钻孔加工，如图 7-17 所示。

图 7-17　钻孔加工

一、麻花钻

钳工常用的麻花钻主要有直柄麻花钻和锥柄麻花钻。麻花钻一般用高速钢制成，经过淬火后，硬度达 62~68HRC。其结构主要由工作部分、柄部以及颈部组成，如图 7-18 所示。

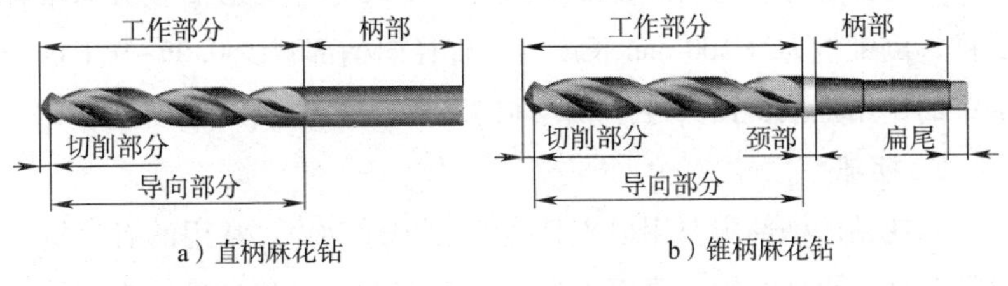

a）直柄麻花钻　　b）锥柄麻花钻

图 7-18　麻花钻的结构

1. 麻花钻的工作部分

麻花钻的工作部分由切削部分和导向部分组成。

（1）麻花钻的切削部分。麻花钻的切削部分起主要切削作用，它由两个刀瓣组成，每一个刀瓣都具有切削作用。麻花钻的切削部分主要有五刃六面组成，如图 7-19 所示。

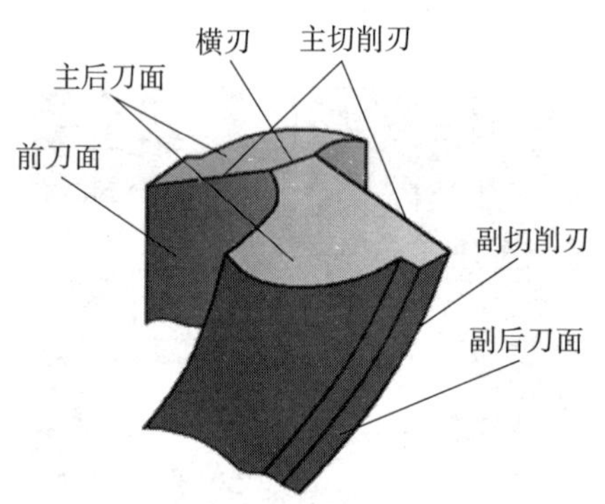

图 7-19　麻花钻的切削部分

（2）麻花钻的导向部分。麻花钻的导向部分主要用来保持普通麻花钻在切削加工时的方向准确。当钻头进行重新刃磨以后，导向部分又逐渐转变为切削部分。

导向部分的两条螺旋槽（前刀面），主要起形成切削刃以及容纳和排除切屑的作用，同时也方便冷却润滑液沿螺旋槽流至切削部分。

导向部分外缘的两条棱带（副后刀面），其直径在长度方向略有倒锥，倒锥量为每 100 mm 长度内，直径向柄部减少 0. 05~0. 1 mm。倒锥的作用是减少钻头与孔壁之间的摩擦。

2. 柄部

麻花钻的柄部主要用以夹持定心和传递动力，常用的有直柄和锥柄两种，直柄结构主要用于直径小于 13 mm 的麻花钻，锥柄结构主要用于直径大于等于 13 mm 的麻花钻。

3. 颈部

颈部为磨制麻花钻时供砂轮退刀用的工艺结构部分，常出现在锥柄麻花钻上，钻头的规格、材料牌号、商标等信息也会刻印在颈部。

4. 扁尾

扁尾是锥柄麻花钻特有的结构，是锥柄麻花钻拆卸时的辅助结构部分。

二、麻花钻的刃磨

麻花钻的刃磨方法见表 7-6。

表 7-6　　麻花钻的刃磨方法

序号	刃磨方法	图示
1	右手握住钻头前端（工作部分），左手握住柄部，钻头中心基本与砂轮中心水平线一致，并保持主切削刃水平	
2	钻头轴心线与砂轮圆柱母线在水平面内的夹角约等于钻头顶角的一半	
3	右手握住钻头的头部作为定位支点，使其绕轴线转动，刃磨整个主后刀面，左手握住柄部做上下弧形摆动，使钻头磨出正确的后角。麻花钻刃磨时，两手动作的配合要协调、自然	

续表

序号	刃磨方法	图示
4	刃磨时，需注意适时将钻头放入冷却液中冷却（常用水进行冷却），防止钻头刃磨部分温度过高，造成刃磨部分退火，影响钻头的切削性能	
5	利用角度样板尺检验麻花钻的顶角（标准顶角为118°±2°），还可以检验顶角相对钻头中心线的对称情况	
6	利用目测法检查钻头后刀面的刃磨质量。要求刃磨后的后刀面为光滑的过渡圆弧，且外缘处的交点应等高，以保证钻头能对称进行切削	后刀面为圆弧过渡表面 两外缘处的交点应等高
7	利用试切法检查切削刃的刃磨情况，要求钻头切削刃锋利，切削过程顺畅、无振动，且产生的切屑为两条对称的螺旋切屑	

三、钻孔加工

1. 划线并敲样冲

按钻孔的位置尺寸要求，划出孔位的十字中心线，并打上中心冲眼，如图 7-20 所示。

a）划钻孔位置尺寸线

b）敲样冲

图 7-20　划线并敲样冲

为了便于在钻孔时检查和找正钻孔的位置，可以按加工孔的直径的大小划出孔的圆周线，对于直径较大的孔，还可以划出几个大小不等的检查圆或检查方框，如图 7-21 所示。

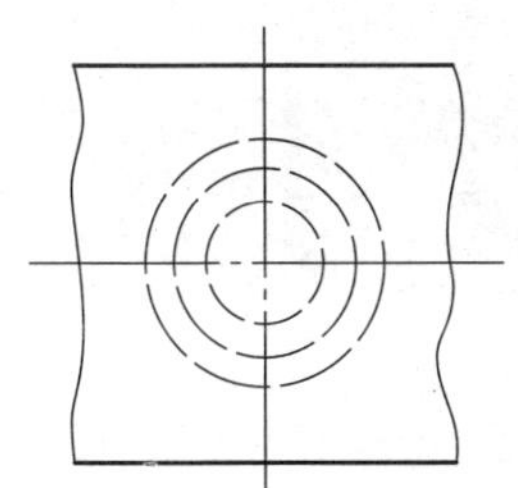
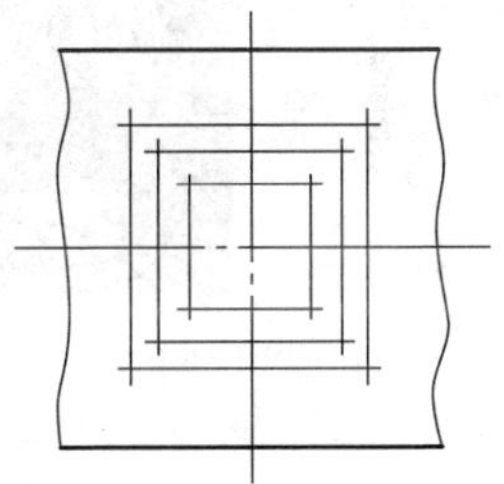

图 7-21　检查圆及检查方框

2. 起钻

钻孔时，先使钻头对准钻孔中心起钻出一个浅坑，观察钻孔位置是否正确，如图 7-22 所示。

若发现钻孔位置发生偏差，可以采用借正的方法进行误差纠正，使浅坑与划线圆同轴。如果偏位较少，可在起钻的同时用力将工件

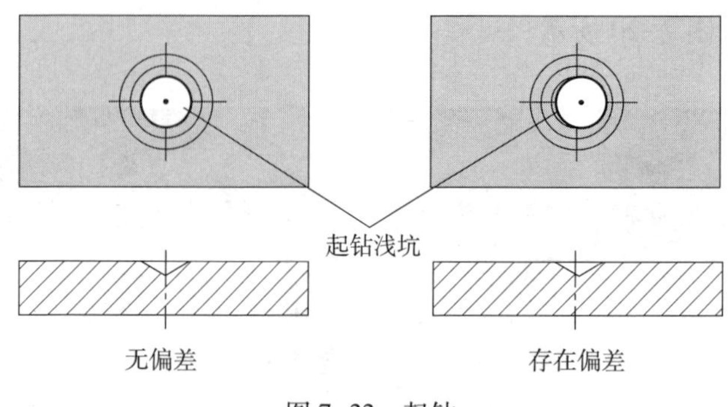

图 7-22　起钻

向偏位的相反方向推移，达到逐步校正目的，如图 7-23 所示。

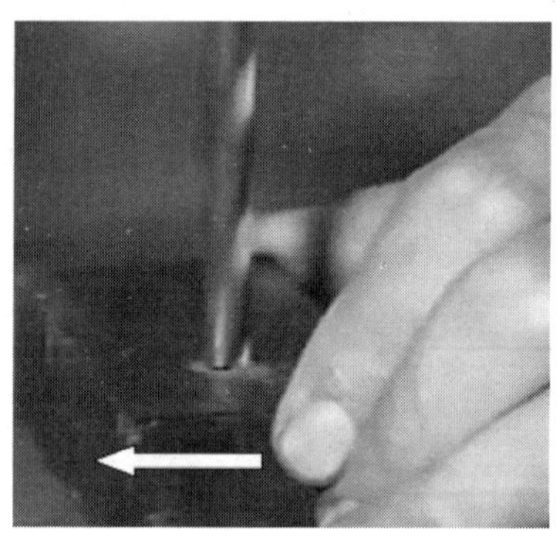

图 7-23　偏位较小时的借料方法

如果偏位较大，可在校正的方向上打上几个冲眼或用油槽錾錾出几条槽，以减少此处的钻削阻力，达到校正的目的，如图 7-24 所示。

3. 孔距测量找正

钻削有孔距精度要求的孔时，为了保证孔距的精度要求，可以采用如图 7-25 所示的方法进行找正。

先按单孔加工的方法加工好一个孔，再在这个孔中按孔径要求

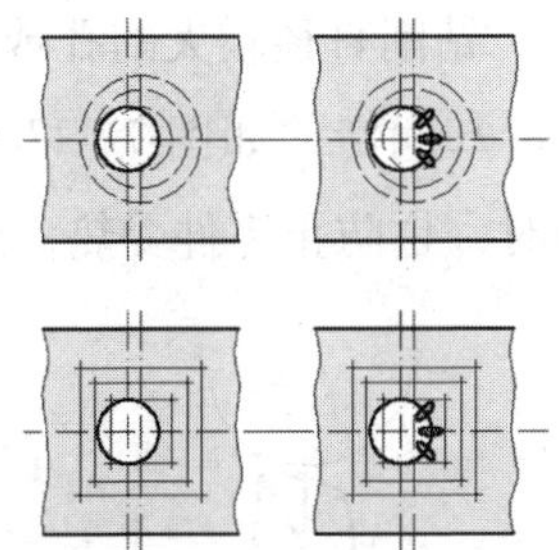

图 7-24　偏位较大时的借料方法

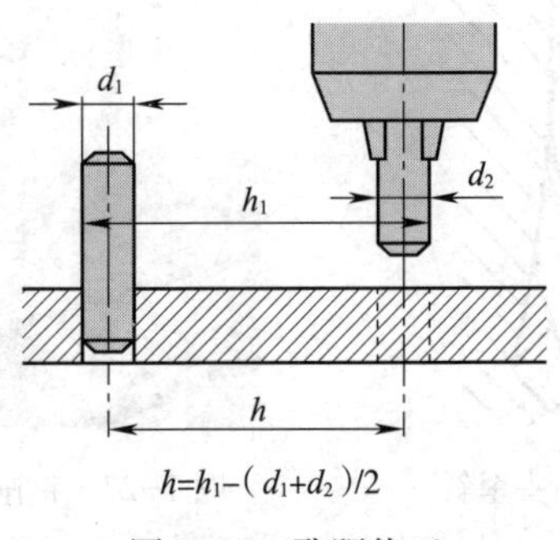

$h=h_1-(d_1+d_2)/2$

图 7-25　孔距找正

配入圆柱销，而另一个圆柱销装夹在钻夹头上，可用游标卡尺或千分尺量出尺寸 h_1，计算出所需的中心距 h，通过测量、找正，最终达到图纸的加工要求。

4. 钻孔加工时的注意事项

（1）手动进给时，进给力不应使钻头产生弯曲，如图 7-26 所示，以免钻孔轴线歪斜，甚至折断钻头。

（2）钻削小直径孔或深孔时，进给力要小，并经常退钻排屑，以免切屑阻塞而扭断钻头。

（3）钻孔将穿时，进给力必须减小，以防止进给量突然增大，造成增大切削抗力，使钻头折断，或使工件随钻头转动造成事故。

（4）钻削直径较大的孔或深孔时，需在钻头与零件之间加入切削液来冷却润滑，如图 7-27 所示，以防止钻头受热，丧失切削性能，同时，也防止零件受热，产生变形。

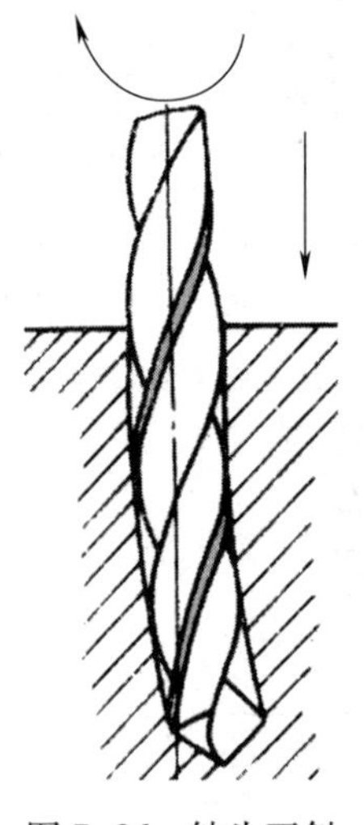

图 7-26 钻头歪斜

图 7-27 钻削时的冷却润滑

模块 3 扩孔与锪孔

一、扩孔加工

扩孔加工是用扩孔钻对工件上已有的孔进行扩大加工的一种孔加工方法。

1. 扩孔加工的特点

（1）切削深度较钻孔时大大减小，切削阻力小，切削条件大大改善。切削深度：

$$a_p=\frac{(D-d)}{2}$$

式中　D——扩孔后直径；

d——预加工孔直径。

（2）扩孔时进给量为钻孔的 1.5~2 倍。

（3）扩孔钻无横刃，避免了横刃在切削时引起的不良影响。

（4）扩孔时产生的切屑体积小，排屑容易。

2. 常用扩孔钻的结构

常用扩孔钻的结构如图 7-28 所示，其结构与麻花钻相比有较大不同。常用扩孔钻的结构具有以下特点：

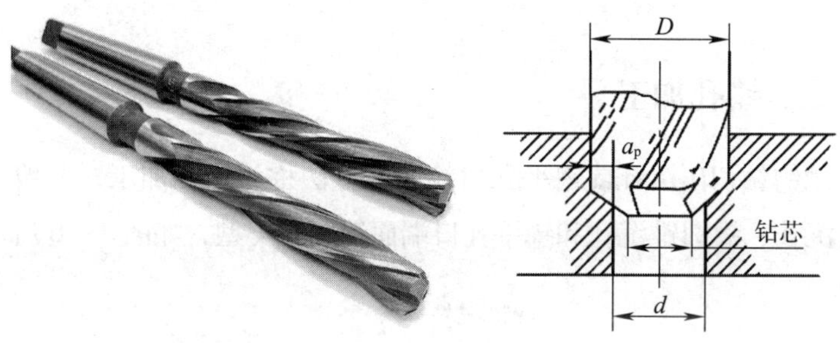

图 7-28　扩孔钻

（1）因中心不切削，没有横刃，切削刃只做成靠边缘的一段。

（2）因扩孔产生的切屑体积小，不需要大容屑槽，扩孔钻可以加粗钻芯，提高钻头刚度，使切削过程平稳。

（3）由于扩孔时的切削深度较小，扩孔钻通常有多个切削刃，一般整体式扩孔钻有 3~4 个切削刃。

3. 扩孔加工方法

扩孔的加工质量一般比钻孔质量高，常作为孔的半精加工。

扩孔加工时，首先钻出底孔，扩孔余量一般为扩孔尺寸的 5%~

10%，底孔钻出后，主轴与工件相对位置不动，换扩孔钻扩至要求尺寸，如果底孔钻出后，工件与钻床主轴位置发生变动，需用圆锥顶尖重新定位后，再进行扩孔加工，如图7-29所示。

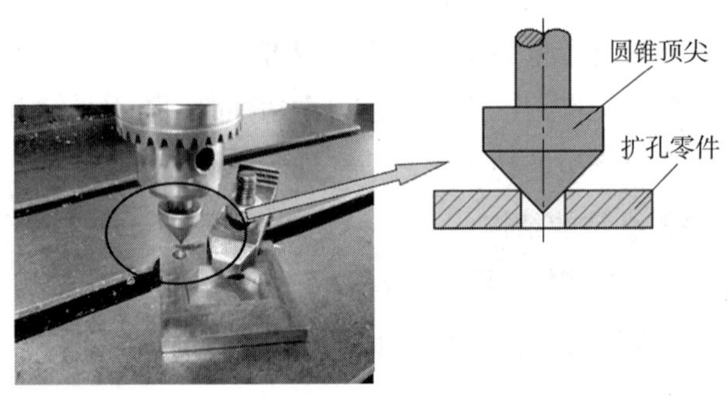

图7-29　扩孔加工

二、锪孔加工

用锪钻切出沉孔或锪平孔口端面的方法称为锪孔加工，一般有锪圆柱沉孔、锪圆锥沉孔和锪平孔口端面等加工类型，如图7-30所示。

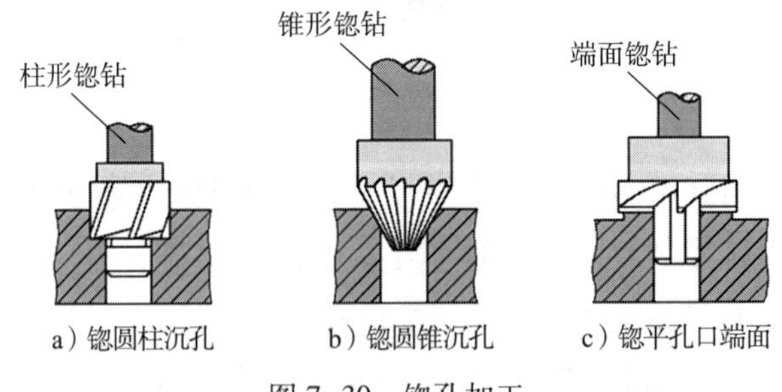

图7-30　锪孔加工

锪孔的目的是保证孔端面与孔中心线的垂直度，以便与孔连接的零件在装配时，能保证整齐的外观，结构紧凑，同时使装配位置正确，连接可靠。钳工生产中常用的锪钻有柱形锪钻、锥形锪钻和端面锪钻三种，见表 7–7。

表 7–7　常用锪钻

常用锪钻	应用范围	图示
柱形锪钻	柱形锪钻主要用来加工圆柱形埋头孔 柱形锪钻的端面刃为主切削刃，起切削作用，圆周上有副切削刃，起修光孔壁的作用，锪钻前端有导柱，导柱直径与工件上已有孔为紧密的间隙配合，以保证良好的定心和导向作用。一般导柱是可拆卸的，也可以把导柱和锪钻做成一体的	导柱　副切削刃　柄部　主切削刃
锥形锪钻	锥形锪钻主要用来加工圆锥形埋头孔 锥形锪钻的锥角按工件锥形埋头孔加工要求不同，有 60°、75°、90°、120°四种，其中 90°锥角应用得最为广泛	切削刃　柄部
端面锪钻	端面锪钻主要用来锪平孔口端面，用以保证孔口端面与孔中心线之间的垂直度 端面锪钻主切削刃为端面刀齿，前端装有导柱，用来提高切削时的导向定心作用	导柱　主切削刃　柄部

模块 4　铰孔

用铰刀从工件孔壁上切除微量金属层，以提高其尺寸精度和降低表面粗糙度的方法，称为铰孔加工，钳工常用铰孔方法有手工铰孔加工和机动铰孔加工，如图 7–31 所示。

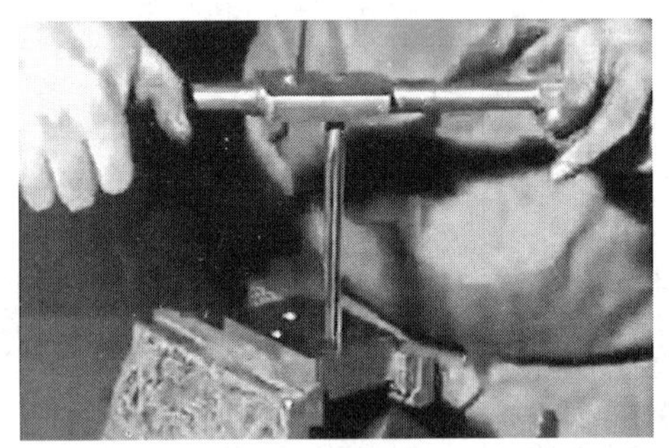
a）手工铰孔加工

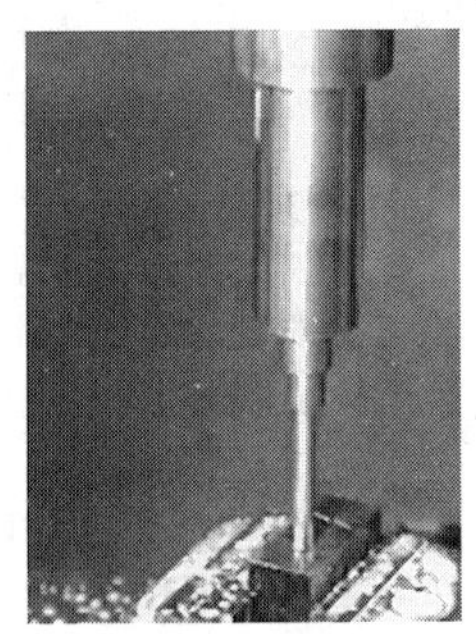
b）机动铰孔加工

图 7–31　铰孔加工

铰孔的加工精度高，一般可以达到 IT9 ~ IT7 级，表面粗糙度精度可以达到 *Ra*1. 6 μm，常作为孔加工的最后精加工工序。

一、铰刀

钳工常用的铰刀有整体式圆柱铰刀、可调式圆柱铰刀、锥铰刀、螺旋铰刀等，见表 7–8。

根据铰孔加工方法的不同，铰刀又分为手用铰刀和机用铰刀两种，如图 7–32 所示。

表 7–8　　常用铰刀

名称	应用范围	图示
整体式圆柱铰刀	用来铰削标准直径系列的孔	

续表

名称	应用范围	图示
可调式圆柱铰刀	在单件生产和修配工作中用来铰削余量较少的非标准孔	
锥铰刀	用来铰削相应锥度的圆锥孔	
螺旋铰刀	常用来铰削带有键槽的孔，同时根据螺旋槽的旋向，可以控制切屑的流向	

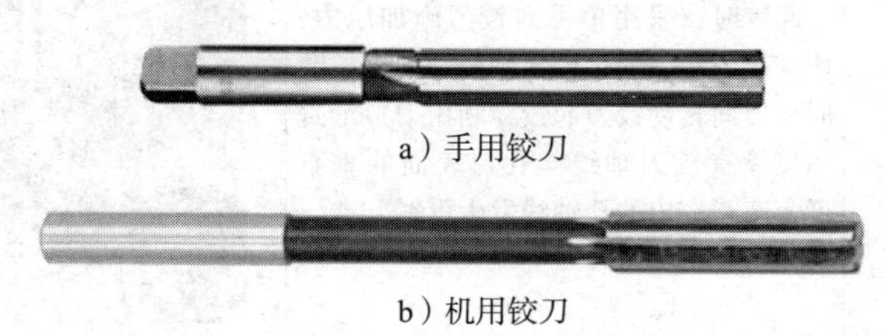

a）手用铰刀

b）机用铰刀

图 7-32　铰刀的分类

二、铰杠

铰杠是用来装夹手用铰刀的常用工具，如图 7–33 所示，在铰削时可以传递周向作用力。

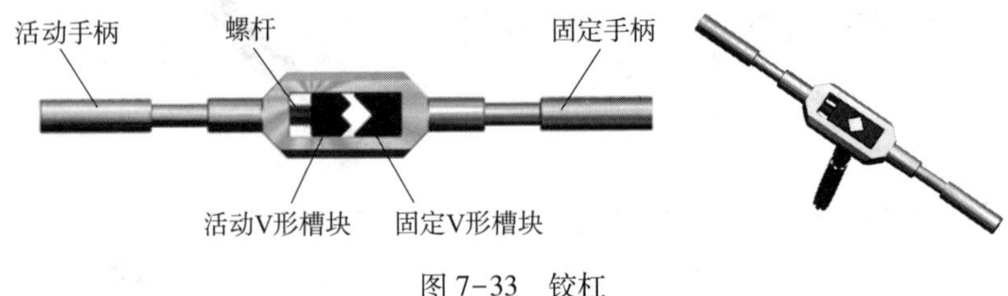

图 7–33　铰杠

铰杠上的螺杆两端分别连接活动手柄和活动 V 形槽块，当转动活动手柄时，可以带动活动 V 形槽块左右移动，并与固定 V 形槽块相配合，用来夹紧手用铰刀的方榫部分。

三、手动铰孔方法

手动铰孔的方法见表 7–9。

表 7–9　　**手动铰孔方法**

步骤	说明	图示
起铰	起铰时，采用单手对铰刀施加压力，所施压力必须通过铰孔轴线，同时按顺时针方向转动铰刀起铰，利用刀口形直角尺检查铰刀轴线与孔口表面的垂直度，防止铰出的孔轴线发生歪斜	

续表

步骤	说明	图示
铰削加工	铰削过程中，两手用力要均匀、平稳，顺时针方向旋转铰刀，不得有侧向压力，同时适当加压，使铰刀均匀地进给，铰削过程中需适时添加切削液（常用切削液为乳化液）	
退铰	为防止铰刀刃口磨钝或将切屑嵌入刀具后刀面与孔壁之间，将孔壁划伤，铰刀不能反转，仍应按顺时针方向旋转铰刀，两手顺着铰刀的旋转方向，慢慢将铰刀向上提，使铰刀顺利退出孔壁	
铰孔精度检查	主要采用相应尺寸精度等级的光滑圆柱塞规检查，光滑圆柱塞规两端的检查圆柱直径不相同，一端是止端（尺寸为精度等级最大值），另一端是通端（尺寸为精度等级最小值）。检查时，要求光滑圆柱塞规的中性线须与孔口表面垂直，若塞规的止端不能配入孔中，而通端能顺利配入孔中，则说明该孔精度符合要求	止端 通端 通端 止端

模块 5　技能训练

一、训练内容

加工如图 7-34 所示双燕尾形零件，备料尺寸为 71 mm×71 mm×12 mm 的 Q235 钢板料。

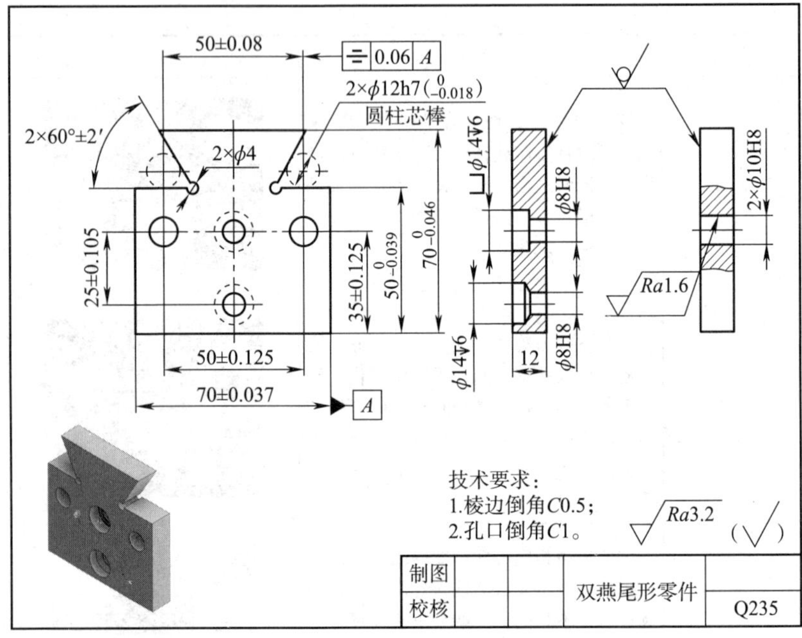

图 7-34　双燕尾形零件

二、技能测评

将测评结果填写在表 7-10 中。

表 7-10　　　　双燕尾形零件评分标准

序号	检测项目	配分	检测记录	得分
1	70±0. 037	5 分		
2	$70^{0}_{-0.046}$	5 分		
3	$50^{0}_{-0.039}$，共 2 处	5 分×2		
4	50±0. 08	8 分		
5	60°±2′，共 2 处	5 分×2		
6	⌯ 0.06 A	8 分		

续表

序号	检测项目	配分	检测记录	得分
7	35±0. 125，共 2 处	6 分×2		
8	25±0. 105	6 分		
9	ϕ14↧6，共 2 处	5 分×2		
10	ϕ8H8，共 2 处	3 分×2		
11	ϕ10H8，共 2 处	3 分×2		
12	$\sqrt{Ra1.6}$，共 2 处	3 分×2		
13	$\sqrt{Ra3.2}$，共 8 处锉面	1 分×8		
14	安全文明生产	酌情扣分		

第8单元 螺纹加工

模块1 螺纹基本知识

在圆柱或圆锥表面加工出螺旋线，沿着螺旋线形成的具有规定牙型的连续凸起（牙）称为螺纹。在圆柱或圆锥外表面上形成的螺纹称为外螺纹，如图8-1a所示；在内表面上形成的螺纹称为内螺纹，如图8-1b所示。内、外螺纹总是成对使用，如图8-1c所示。

a）外螺纹

b）内螺纹

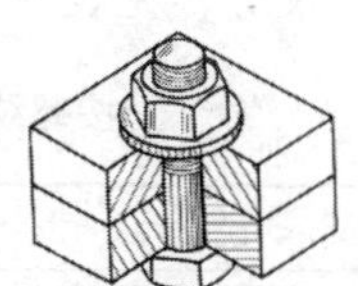

c）内、外螺纹连接

图8-1 螺纹

一、螺纹的作用

螺纹主要用于机械连接或传递运动，见表8-1。

表 8-1　　螺纹的作用

作用	说明示例	图示
机械连接	通过螺母（内螺纹）和螺栓（外螺纹）之间的螺纹连接，可以将零件1和零件2紧固地连接在一起，使两个零件形成一个装配体	螺母 螺栓 零件1 零件2
传递运动	通过转动平口钳上的手柄，带动螺纹丝杠做旋转运动，从而推动活动钳口向前或向后滑移，与固定钳口相配合，在平口钳上实现零件夹紧或松开	固定钳口 活动钳口 螺纹丝杠 手柄 此处固定有螺母

二、螺纹的种类

（1）按螺纹牙型不同，螺纹常分为三角形螺纹、矩形螺纹、梯形螺纹及锯齿形螺纹等，见表 8-2。

表 8-2　　按螺纹牙型分类

名称	说明	图示
三角形螺纹	三角形螺纹的牙型为三角形，一般分为粗牙螺纹和细牙螺纹两种，三角形螺纹广泛用于各种紧固连接。粗牙螺纹应用广泛，如顶拔器，细牙螺纹适用于薄壁零件等的连接和微调机构的调整，如千分尺的测量螺杆	三角形螺纹 粗牙螺纹（顶拔器） 细牙螺纹（千分尺的测量螺杆）

续表

名称	说明	图示
矩形螺纹、梯形螺纹	矩形螺纹的牙型为矩形，传动效率高，用于螺旋传动，但牙根强度低，精加工困难，矩形螺纹未标准化，现在已逐渐被梯形螺纹代替 梯形螺纹的牙型为梯形，牙根强度较高，易于加工，广泛用于机床设备的螺旋传动中，如机床的传动丝杠	矩形螺纹　梯形螺纹 机床的传动丝杠
锯齿形螺纹	锯齿形螺纹的牙型为锯齿形，牙根强度较高，用于单向螺旋传动中，多用于起重机械或压力机械，如螺旋式千斤顶	锯齿形螺纹　螺旋式千斤顶

（2）按螺纹螺旋线旋向不同，螺纹又可以分为左旋螺纹和右旋螺纹，见表 8-3。

表 8-3　按螺纹螺旋线旋向分类

名称	说明	图示
左旋螺纹	当螺纹轴线竖直放置时，左旋螺纹的可见部分则自右向左升高 左旋螺纹的旋向和左手大拇指的指向相同，左旋螺杆旋入螺孔时沿逆时针旋转	

续表

名称	说明	图示
右旋螺纹	当螺纹轴线竖直放置时，右旋螺纹的可见部分自左向右升高 右旋螺纹的旋向和右手大拇指的指向相同，右旋螺杆旋入螺孔时沿顺时针旋转	

（3）按螺纹螺旋线的线数不同，螺纹还可以分为单线螺纹和多线螺纹，见表 8-4。

表 8-4　　按螺纹螺旋线的线数分类

名称	说明	图示
单线螺纹	单线螺纹是沿一条螺旋线形成的螺纹，多用于连接，如螺栓、螺母	螺母 螺栓 螺栓连接
多线螺纹	多线螺纹是沿两条或两条以上的轴向等距分布的螺旋线形成的螺纹，多用于螺旋传动，如蜗轮蜗杆传动中的蜗杆根据传动需要会制成多线螺纹	蜗杆 蜗轮 蜗轮蜗杆传动

三、螺纹的参数

以普通螺纹为例，其主要参数见表 8-5。

表 8-5　　　　普通螺纹的主要参数

主要参数		图例	代号	说明
螺纹大径（公称直径）	内螺纹	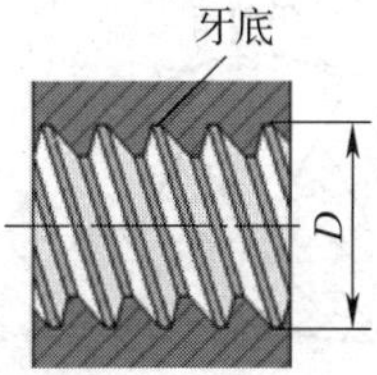 牙底	D	螺纹大径是与外螺纹牙顶或内螺纹牙底相重合的假想圆柱面的直径。一般称为螺纹的公称直径
	外螺纹	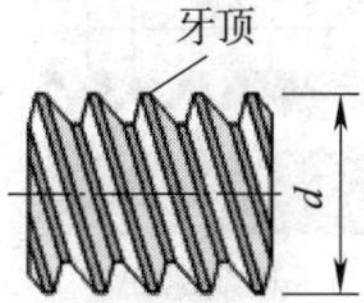 牙顶	d	
螺纹中径	内螺纹	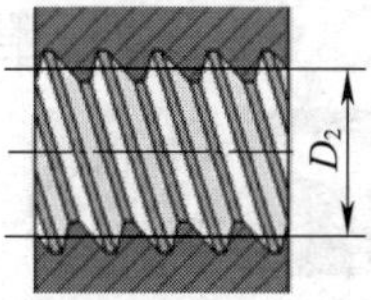	D_2	螺纹中径是指一个假想圆柱面的直径，该圆柱的母线通过牙型上沟槽和凸起宽度相等的地方
	外螺纹	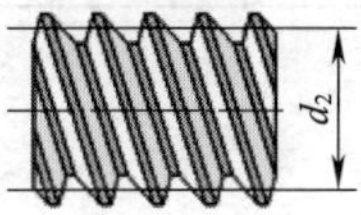	d_2	
螺纹小径	内螺纹	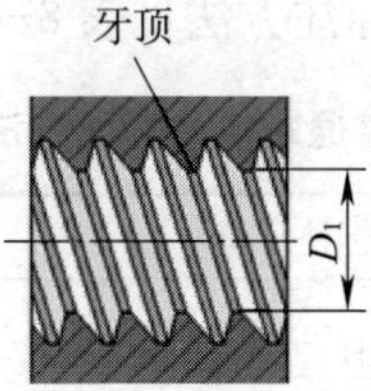 牙顶	D_1	螺纹小径是与外螺纹牙底或内螺纹牙顶相重合的假想圆柱面的直径
	外螺纹	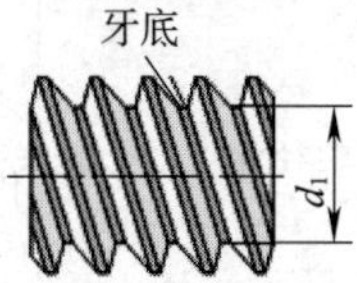 牙底	d_1	

续表

主要参数	图例	代号	说明
牙型角	牙型角	α	普通螺纹牙型为三角形，牙型上相邻两牙侧间的夹角即为牙型角，普通螺纹的牙型角 α = 60°
螺距	螺距=导程 单线螺纹	P	螺距是相邻两牙在中径上对应两点间的轴向距离
导程	导程 螺距 多线螺纹	P_h	导程是同一条螺旋线上的相邻两牙在中径上对应两点间的轴向距离 导程（P_h）、螺距（P）和线数（n）之间的关系：$P_h = nP$

四、螺纹的标注

以普通螺纹为例，其标注方法见表 8-6。

表 8-6　　普通螺纹的标注方法

名称	代号	螺纹标注示例	内、外螺纹配合标注示例
粗牙螺纹	M	例：M 12 LH−7g − L M：粗牙普通螺纹 12：公称直径 LH：左旋 7g：外螺纹中径和大径公差带代号 L：长旋合长度	例：M 12 LH−6H / 7g M：粗牙普通螺纹 12：公称直径 LH：左旋 6H：内螺纹中径和小径公差带代号 7g：外螺纹中径和大径公差带代号

续表

名称	代号	螺纹标注示例	内、外螺纹配合标注示例
细牙螺纹	M	例：M 12 × 1 − 7H 8H M：细牙普通螺纹 12：公称直径 1：螺距 7H：内螺纹中径公差带代号 8H：内螺纹小径公差带代号	例：M 12 × 1 − 6H / 7g 8g M：细牙普通螺纹 12：公称直径 1：螺距 6H：内螺纹中径和小径公差带代号 7g：外螺纹中径公差带代号 8g：外螺纹大径公差带代号

普通螺纹标注时应遵循以下原则：

（1）普通细牙螺纹的每一个公称直径对应着数个螺距，必须标出螺距值，如 M12×1；而普通粗牙螺纹只有一个对应的螺距，螺距值可以省略不予标注，如 M12。常用普通螺纹直径与螺距见表 8-7。

表 8-7　　　　常用普通螺纹螺距

公称直径（D、d）			螺距（P）	
第一系列	第二系列	第三系列	粗牙	细牙
4			0.7	0.5
5			0.8	
6		7	1	0.75、0.5
8			1.25	1、0.75、(0.5)
10			1.5	1.25、1、0.75、(0.5)
12			1.75	1.5、1.25、1、(0.75)、(0.5)
	14		2	1.5、(1.25)、1、(0.75)、(0.5)
		15		1.5、(1)
16			2	1.5、1、(0.75)、(0.5)
20	18		2.5	2、1.5、1、(0.75)、(0.5)
24			3	2、1.5、1、(0.75)
		25		2、1.5、(1)

续表

公称直径（D、d）			螺距（P）	
第一系列	第二系列	第三系列	粗牙	细牙
	27		3	2、1.5、1、(0.75)
30			3.5	(3)、2、1.5、1、(0.75)
36			4	3、2、1.5、(1)
		40		(3)、(2)、1.5
42	45		4.5	(4)、3、2、1.5、(1)

注：①优先选用第一系列，其次是第二系列，第三系列尽可能不用；
②括号内尺寸尽可能不用；
③M14×1.25仅用于火花塞。

(2) 右旋螺纹不标注旋向代号，左旋螺纹必须标注旋向代号“LH”。

(3) 螺纹的旋合长度是指两个相互旋合的螺纹，沿轴线方向相互结合的长度。螺纹的旋合长度有三种，分别是长旋合长度（L）、中等旋合长度（N）和短旋合长度（S），中等旋合长度不标注。

(4) 公差带代号中，前者为中径公差带代号，后者为外螺纹的大径或内螺纹的小径公差带代号，当两者相一致时，只标注一个公差带代号。内螺纹用大写字母表示，如“D”；外螺纹用小写字母表示，如“d”。

(5) 内、外螺纹配合的公差带代号中，前者为内螺纹公差带代号，后者为外螺纹公差带代号，中间用“/”分开。

模块2　攻螺纹

用丝锥在零件孔中切削出内螺纹的加工方法称为攻螺纹，如图8-2

所示。攻螺纹主要用来加工具有内螺纹的工件。攻螺纹时采用的工具主要有丝锥和铰杠。

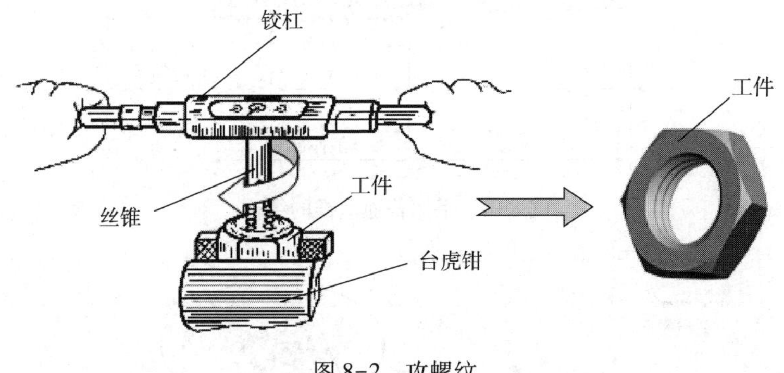

图 8-2　攻螺纹

一、丝锥

丝锥是加工内螺纹的工具，钳工常用的有手用普通丝锥和机用丝锥两类，如图 8-3 所示。

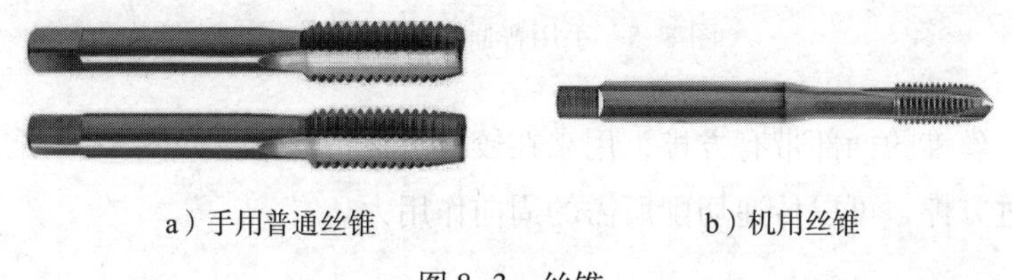

a）手用普通丝锥　　b）机用丝锥

图 8-3　丝锥

手用普通丝锥由碳素工具钢或合金工具钢制成，一般两支或三支组成一组。机用丝锥通常是用高速钢制成，一般是单独一支。

1. 丝锥的结构

手用普通丝锥与机用丝锥的结构相同，下面以手用普通丝锥为例，介绍丝锥的结构。手用普通丝锥的结构如图 8-4 所示。

（1）丝锥的柄部。丝锥的规格等参数都刻在柄部，方便操作人员根据这些参数选择丝锥，如图 8–5 所示。

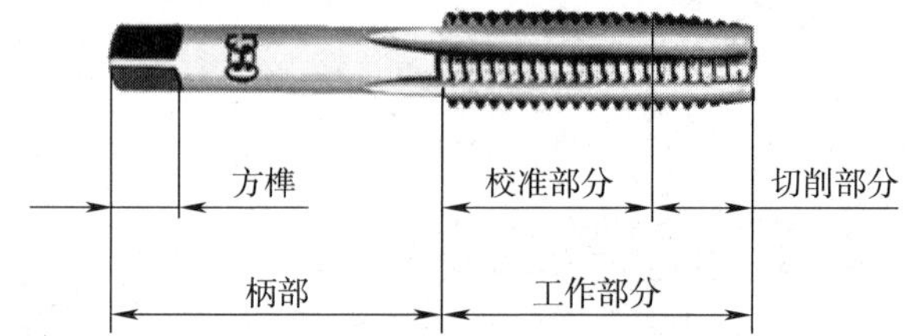

图 8–4　手用普通丝锥的结构

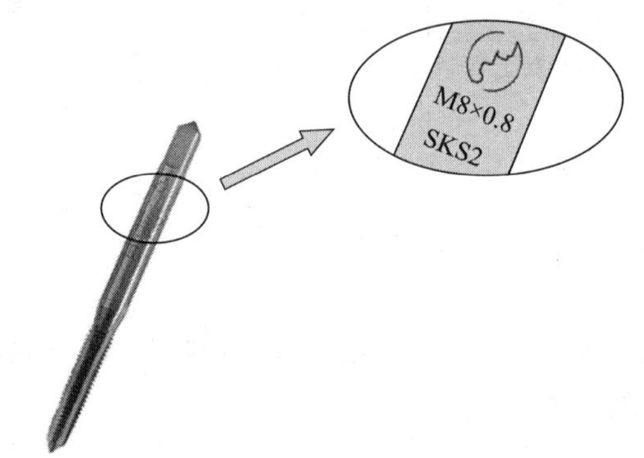

图 8–5　手用普通丝锥的柄部

丝锥的柄部带有方榫，用来在铰杠上夹持丝锥，如图 8–6 所示，通过方榫，可以传递切削所需的周向作用力。

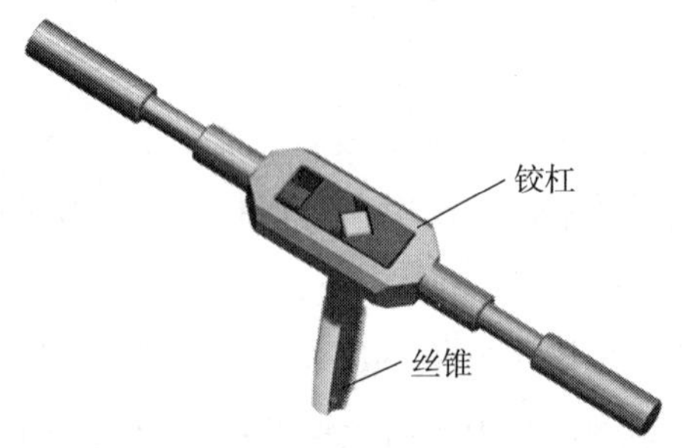

图 8–6　丝锥在铰杠上的夹持

（2）丝锥的工作部分。丝锥工作部分由切削部分和校准部分组成。

丝锥的切削部分起主切削作用。前端磨出切削锥角，便于切入，使切削省力。

丝锥校准部分有完整的牙型，用来修光和校准已切出的螺纹，并引导丝锥沿轴向前进。

丝锥的工作部分沿轴向开有容屑槽，容屑槽有两个作用：一是可以形成丝锥的切削刃；二是可以容纳切削时产生的切屑。

钳工常用丝锥的容屑槽有两种：直槽和螺旋槽，如图 8–7 所示。

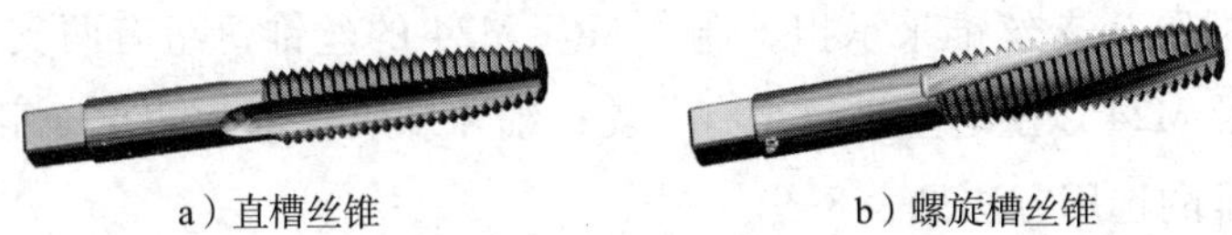

a）直槽丝锥　　b）螺旋槽丝锥

图 8–7　丝锥的容屑槽

螺旋槽丝锥按螺旋槽旋向不同，分为左旋螺旋槽和右旋螺旋槽两种，见表 8–8。

表 8–8　螺旋槽丝锥

名称	说明	图示
左旋螺旋槽丝锥	左旋螺旋槽按逆时针方向旋转，主用用来加工通孔螺纹，可以控制切屑向下排出，保证已攻出的螺纹表面精度	

续表

名称	说明	图示
右旋螺旋槽丝锥	右旋螺旋槽按顺时针方向旋转，主要用来加工盲孔（不通孔）螺纹，可以控制切屑向上排出，不会因为切屑没有及时排出而堵塞孔底，造成切削无法进行	

2. 成组丝锥的选用

为了减少切削力和延长丝锥的使用寿命，一般将整个切削工作量分配给几支丝锥来承担。通常 M6～M24 的丝锥每组有两支；M6 以下及 M24 以上的丝锥每组有三支；细牙螺纹丝锥为两支一组。成组丝锥的选用方法见表 8-9。

表 8-9　成组丝锥的选用

名称	说明	图示
三支一组丝锥	可根据丝锥柄部的圆环标记进行选用，头锥为一道圆环，用于粗加工；二锥为两道圆环，用于细加工；三锥没有圆环，用于精加工	头锥 二锥 三锥
两支一组丝锥	可根据丝锥切削部分的长短进行选用，头锥的切削部分较长，用于粗加工；二锥的切削部分较短，用于精加工	切削部分 头锥 切削部分 二锥

二、铰杠

铰杠是手工攻螺纹时用来夹持丝锥的工具。钳工常用的铰杠有普通铰杠和丁字铰杠两种，如图 8-8 所示。

a）普通铰杠　　b）丁字铰杠

图 8-8　铰杠

丁字铰杠的夹持部分配有加长杆，适用于在高凸台旁或箱体内部攻螺纹，如图 8-9 所示。

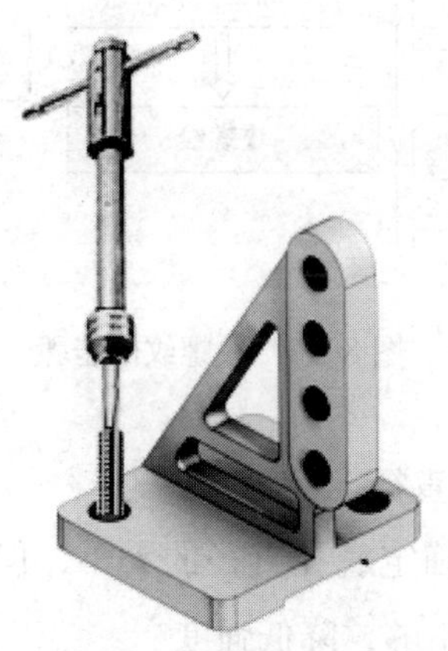

图 8-9　丁字铰杠攻螺纹

铰杠的装夹尺寸和柄部的长度都有一定规格，使用时应按丝锥尺寸大小进行选用。铰杠规格选用见表 8-10。

表 8-10　铰杠规格选用

铰杠规格（mm）	150	225	275	375	475	600
适用的丝锥范围	M5～M8	M8～M12	M12～M14	M14～M16	M16～M22	M24 以上

三、攻螺纹方法

攻螺纹操作，可按如图 8-10 所示的步骤进行。

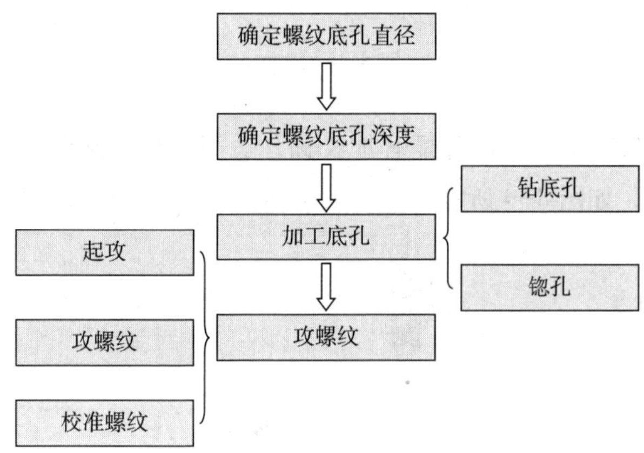

图 8-10　攻螺纹的步骤

1. 确定螺纹底孔直径

攻螺纹前需合理确定底孔直径的大小，但底孔又不宜过大，否则会使螺纹牙型高度不够，降低强度。

底孔直径大小的确定，需考虑零件材料塑性的大小及钻孔的扩张量，可根据经验公式计算得出。

钢件等塑性较大的材料：

$$D_{钻}=D-P$$

铸铁等塑性较小的材料：

$$D_{钻}=D-(1.05\sim1.1)P$$

式中　$D_{钻}$——攻螺纹前钻螺纹底孔用钻头直径；

D——螺纹大径；

P——螺距，螺纹的常用螺距可以查阅表 8-7。

【举例】分别计算在钢件和铸铁件上攻 M10 螺纹时的底孔直径各为多少？

解：经查表 8-7，可知螺距 $P=1.5$ mm。

钢件攻螺纹底孔直径为：

$$\begin{aligned}D_{钻}&=D-P\\&=10-1.5\\&=8.5\text{ mm}\end{aligned}$$

铸铁件攻螺纹底孔直径为：

$$\begin{aligned}D_{钻}&=D-(1.05\sim1.1)P\\&=10-(1.05\sim1.1)\times1.5\\&=8.425\sim8.35\text{ mm}\end{aligned}$$

2. 确定螺纹底孔深度

螺纹底孔深度的确定只针对盲孔（不通孔）而言，加工通孔时，螺纹底孔深度即为零件的厚度。

攻盲孔（不通孔）螺纹时，由于丝锥切削部分有锥角，端部不能切出完整的牙型，所以钻孔深度要大于螺纹的有效深度，如图 8-11 所示。

攻螺纹前底孔深度一般取：

$$H_{钻}=h_{有效}+0.7D$$

式中　$H_{钻}$——底孔深度；

$h_{有效}$——螺纹有效深度；

D——螺纹大径。

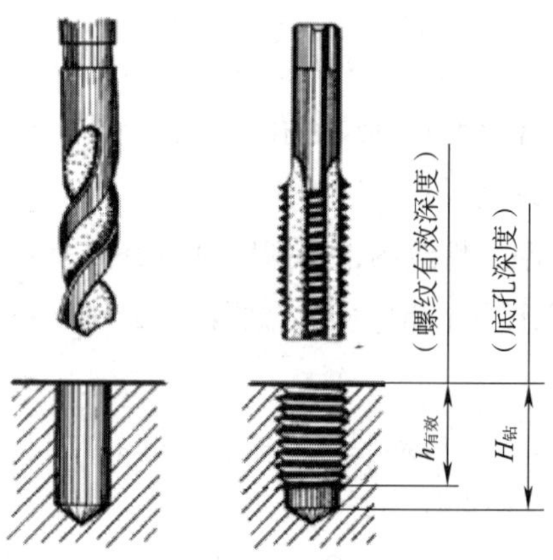

图 8-11 攻盲孔螺纹时的底孔深度

【举例】在如图 8-12 所示的 45 钢工件上钻攻 M10 螺纹，求底孔深度。

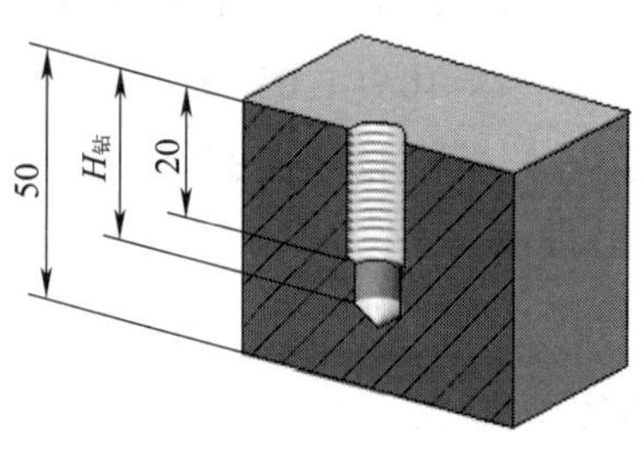

图 8-12 举例

解：

$$
\begin{aligned}
H_{钻} &= h_{有效} + 0.7D \\
&= 20 + 0.7 \times 10 \\
&= 27\ \text{mm}
\end{aligned}
$$

3. 攻螺纹

攻螺纹时的操作方法见表 8-11。

表 8-11　　攻螺纹操作方法

步骤	说明	图示
钻底孔	根据计算的底孔直径，选择相应的钻头在零件上钻孔，盲孔零件加工时，需控制钻孔的深度 由于麻花钻的钻尖为圆锥形，利用游标卡尺的测深杆测量底孔深度时，实际所测数值为底孔深度和麻花钻钻尖高度的总和，通过计算麻花钻钻尖高度，可以间接得出所钻底孔深度值	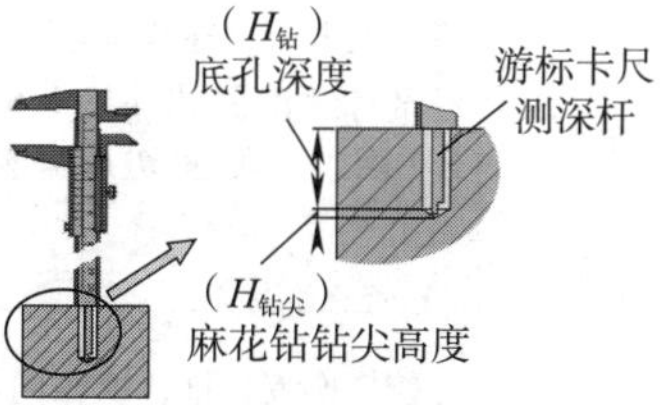
锪孔	在攻螺纹时，为了增加丝锥与底孔之间的接触稳定性，需要在底孔孔口进行锪孔加工 在攻螺纹时，为了增加丝锥与底孔之间的接触稳定性，需要在底孔孔口进行锪孔加工，一般锪孔锥角为 90°，锪孔深度为 1 mm	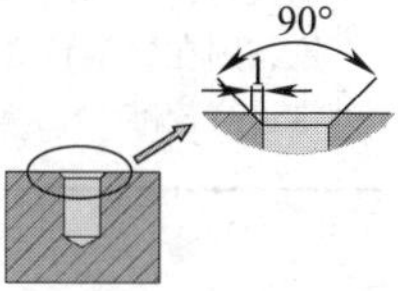
起攻	将头锥正确装夹在铰杠上，起攻时，可单手手掌按住铰杠中部，沿丝锥轴线方向施加作用力，同时顺时针转动铰杠，使丝锥在孔口做顺向旋进	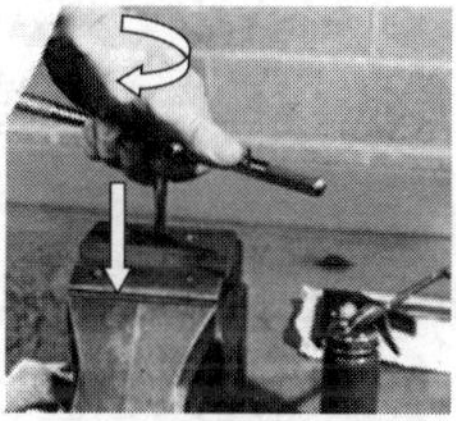
检查丝锥垂直情况	起攻时，还应注意控制丝锥轴线与零件表面之间的垂直情况，以防止加工后的螺纹轴线与零件表面不垂直，影响螺纹连接精度，丝锥轴线与零件表面的垂直度情况可用 90°角尺进行检查	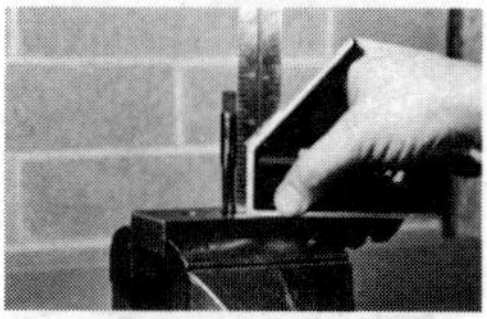
攻螺纹	攻螺纹时，应两手握住铰杠两端均匀施加压力，并将丝锥顺向旋进，同时需在丝锥与孔壁之间加适量切削液进行润滑（一般钢件采用机油润滑、铸铁采用煤油润滑）	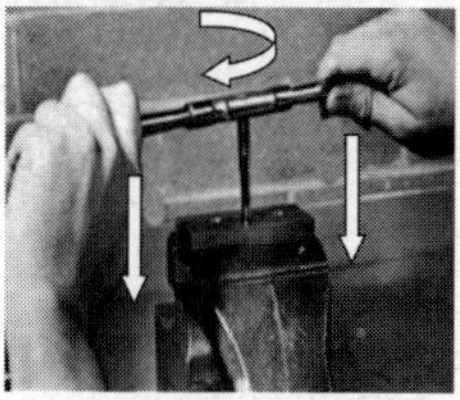

续表

步骤	说明	图示
攻螺纹时的断屑处理	攻螺纹时，为防止切屑阻塞，造成丝锥卡死，在攻螺纹过程中，要经常将丝锥倒转（逆时针）1/4～1/2圈，以便使切屑碎断后容易排出	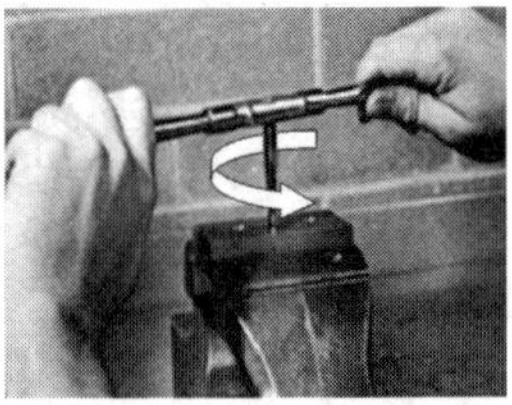
校准螺纹	铰杠换装二锥，以相同的攻螺纹方法，校准螺纹，校准螺纹时，由于二锥切削量较小，两手不需要施加压力，若选用三支一组的成组丝锥，则在二锥校准完成后，换装三锥进行校准	

模块3　套螺纹

用板牙在圆杆上切削出外螺纹的加工方法称为套螺纹，如图8-13所示。套螺纹加工时所需用到的工具有板牙和板牙架。

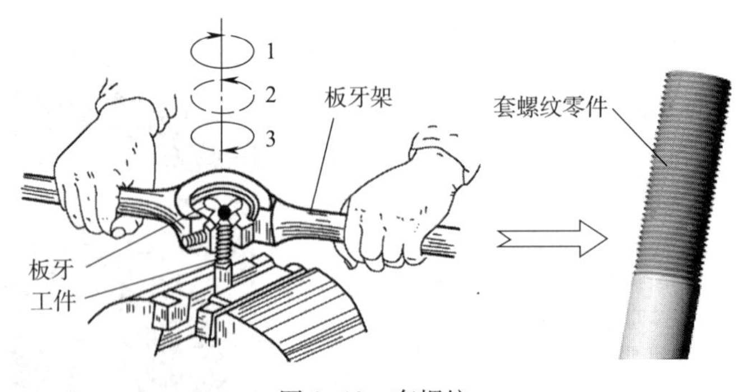

图8-13　套螺纹

一、板牙

板牙是加工外螺纹的工具，常采用合金工具钢或高速钢制作并经淬火处理。板牙的结构如图 8-14 所示。

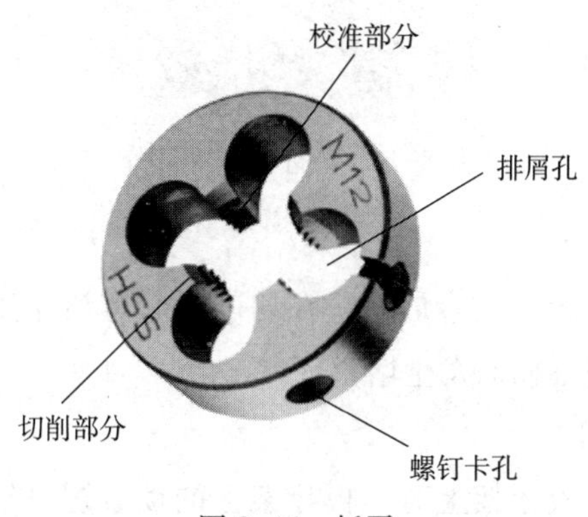

图 8-14　板牙

1. 切削部分

切削部分是板牙两端有切削锥角的部分，如图 8-15 所示。

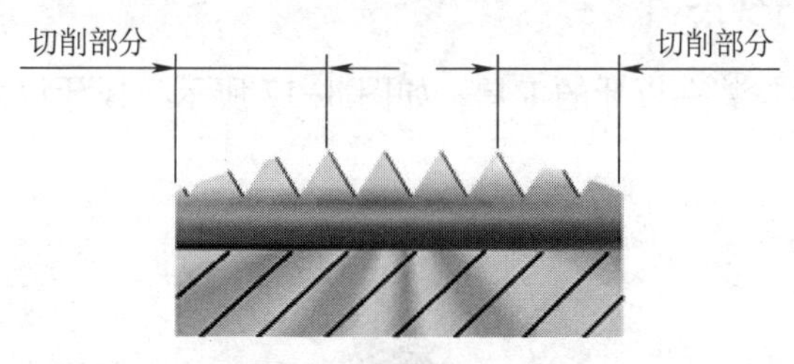

图 8-15　板牙的切削部分

板牙两端都有切削部分，待一端磨损后，可换另一端使用。

2. 校准部分

板牙中间一段是校准部分，也是套螺纹时的导向部分，如图 8-16 所示。

校准部分可以引导板牙顺利完成切削，同时又能保证螺纹的尺寸精度，提高螺纹表面粗糙度精度。

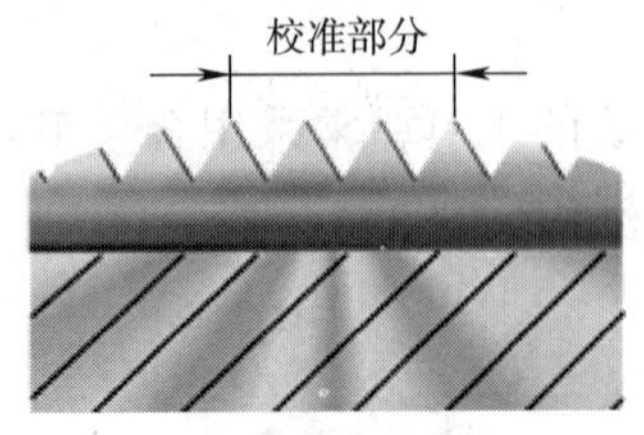

图 8-16　板牙的校准部分

3. 排屑孔

排屑孔是板牙上的容屑槽，在切削时起容屑作用，防止板牙与零件之间因排屑不畅而发生堵塞现象。

4. 螺钉卡孔

板牙安装在板牙架上时，板牙架上的锁紧螺钉经拧紧，卡配在螺钉卡孔中，从而使板牙的位置相对圆周固定，可以传递周向作用力，保证切削的正常进行。

二、板牙架

板牙架是装夹板牙的工具，如图 8-17 所示。板牙放入后，用锁紧螺钉紧固。

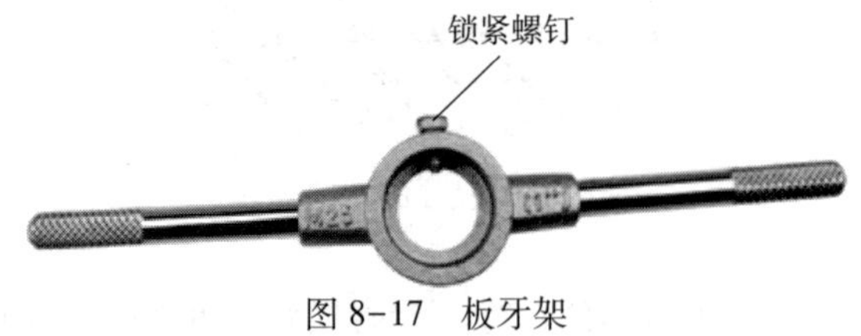

图 8-17　板牙架

三、套螺纹的方法

以图 8-18 所示工件为例，讲解套螺纹的方法。

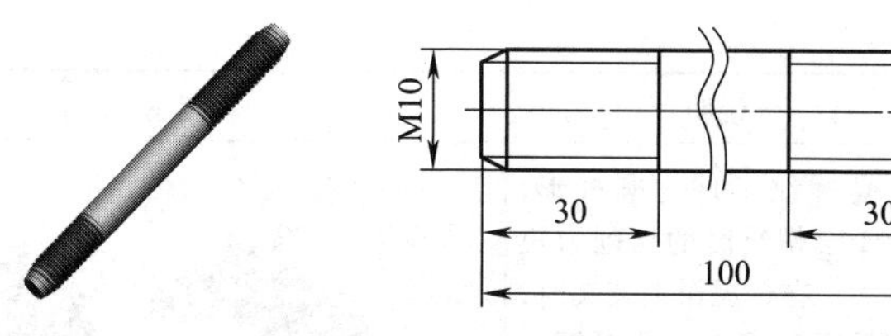

图 8-18　套螺纹工件示例

1. 确定圆杆直径

与丝锥攻螺纹一样，用板牙在工件上套螺纹时，材料同样因受挤压而变形，牙顶将被挤高，所以套螺纹前圆杆直径应稍小于螺纹的大径尺寸。

一般圆杆直径用下式计算：

$$d_{杆}=d-0.13P$$

式中　$d_{杆}$——套螺纹前圆杆直径；

d——螺纹大径；

P——螺距。

【举例】在 45 号钢的圆杆上需套 M12 的螺纹，试确定圆杆直径。

解：$d_{杆}=d-0.13P=12-0.13\times1.75\approx11.77$ mm

2. 套螺纹

套螺纹时的操作方法见表 8-12。

表 8-12　套螺纹操作方法

步骤	说明	图示
圆杆端部倒角	为了使板牙起套时容易切入工件并作正确引导，圆杆端部需要倒角处理，一般倒成半锥角为 15°～20°的锥体	15°~20°

续表

步骤	说明	图示
装夹圆杆	套螺纹工件为圆杆形，由于套螺纹时的切削力矩较大，在台虎钳上装夹时，需采用V形夹块或厚铜皮作衬垫，才能保证夹紧可靠	采用V形夹块装夹　采用厚铜皮装夹
起套	起套方法与攻螺纹起攻方法一样，单手按住铰杠中部，沿圆杆轴向施加压力，同时做顺时针方向旋转切削，转动速度要慢，压力要大	
检查板牙垂直情况	在板牙切入圆杆1~2牙时，应及时检查其板牙表面相对于圆杆轴心线的垂直度，检查时转动圆杆工件，在多个圆周方向上进行测量，以正确控制垂直度误差	
套螺纹	套螺纹时，不要加压，让板牙自然引进，以免损坏螺纹和板牙。套螺纹时需添加合适的切削液，切削液的选用方法与攻螺纹相同	
套螺纹时的断屑处理	在套螺纹的过程中也要经常倒转以断屑（一般切削2~3圈，需逆时针回转1/2~1圈），防止切屑阻塞，造成板牙无法顺利切削	

模块 4　技能训练

一、训练内容

加工如图 8-19 所示六边形组合件，备料尺寸为：

（1）$\phi70\times20$，45 圆钢，1 件。

（2）$\phi11.77\times60$，45 圆钢，1 件。

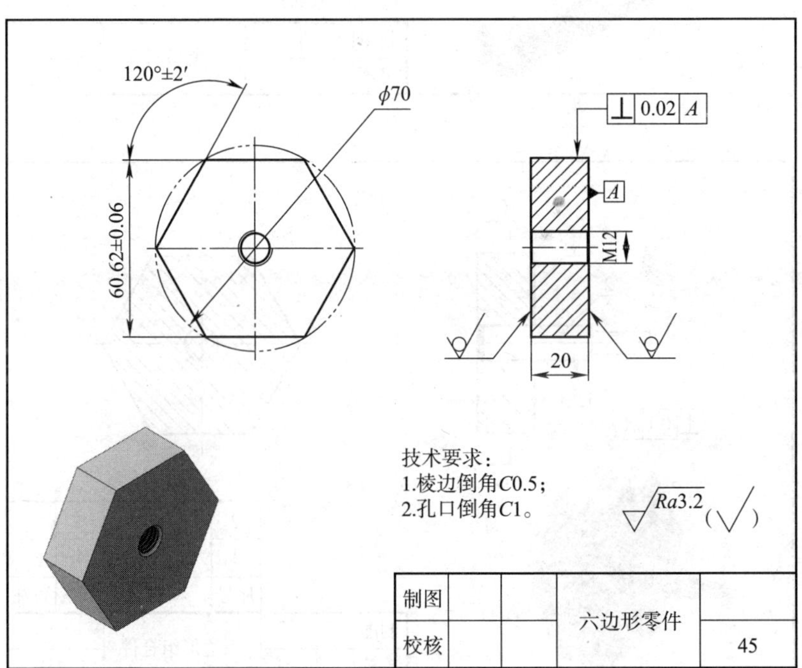

a）件1

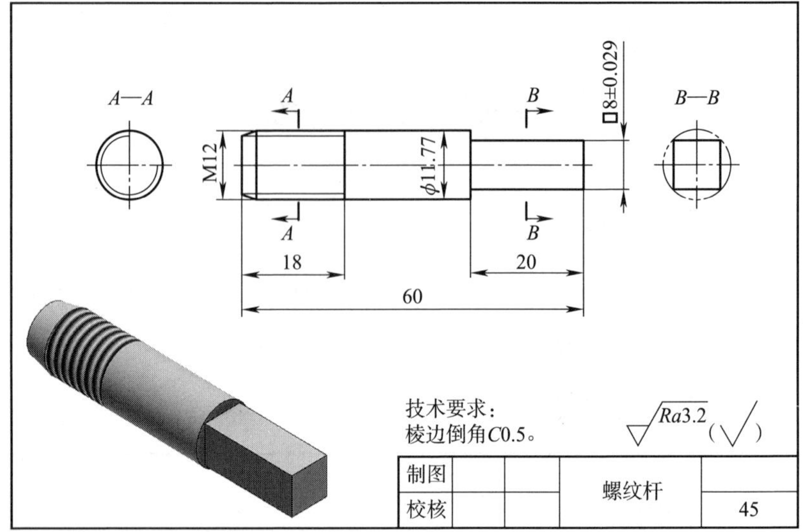

b）件2

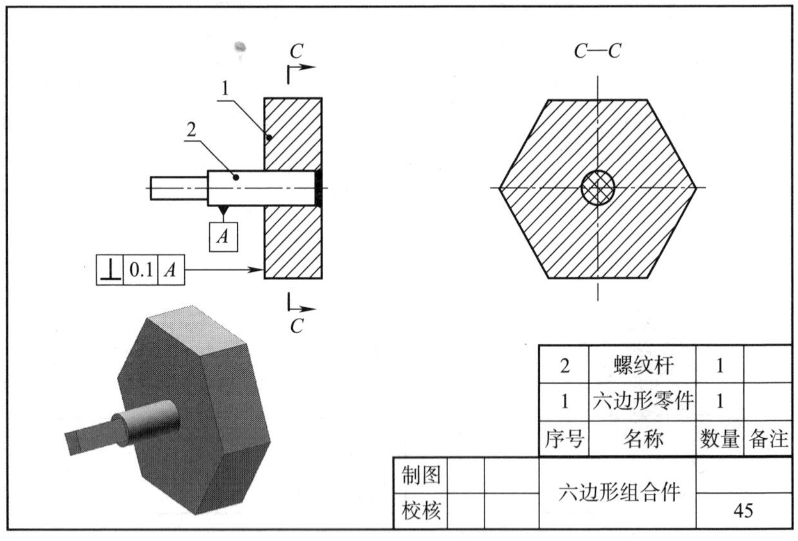

c）组合

图 8-19　六边形组合件

二、技能测评

将测评结果填写在表 8-13 中。

表 8-13　　六边形组合件评分标准

序号	检测项目	配分	检测记录	得分
1	件 1：60.62±0.06，共 3 处	5 分×3		
2	件 1：120°±2′，共 6 处	3 分×6		
3	件 1：M12 内螺纹加工	5 分		
4	件 1：⊥ 0.02 A，共 6 处	2 分×6		
5	件 1：√Ra3.2，共 6 处	1 分×6		
6	件 2：8±0.029，共 2 处	5 分×2		
7	件 2：M12 外螺纹加工	5 分		
8	件 2：√Ra3.2，共 4 处	1 分×4		
9	组合：螺纹连接顺畅	7 分		
10	组合：⊥ 0.1 A	8 分		
11	安全文明生产	10 分		

第9单元

装　配

按规定的技术要求，将若干零件组合成部件或若干个零件和部件组合成机器的过程称为装配，如图 9-1 所示。

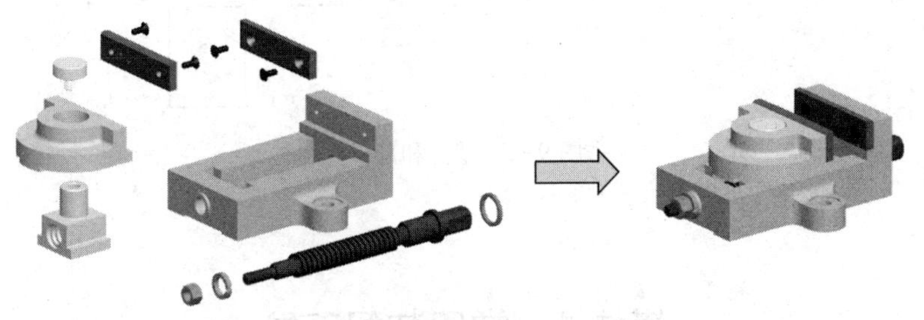

图 9-1　装配平口钳

机器一般都是由零件和部件组成的，如图 9-2 所示。零件是构成机器的最小单元；部件是两个或两个以上零件组合成机器的某部分，部件是个通称，直接进入产品总装配的部件称为组件；直接进入组件装配的部件称为一级分组件；直接进入一级分组件装配的部件称为二级分组件；以此类推。

最先进入装配的零件称为基准件；而最先进入装配的组件则称为基准组件。

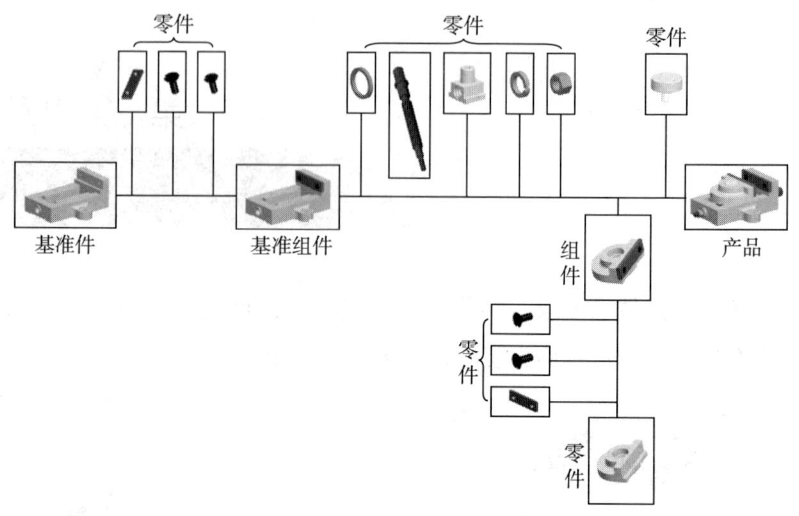

图 9-2　零件和部件

模块 1　常用装配工具

一、螺钉旋具

螺钉旋具的工作部分常由碳素工具钢制成，并经淬火处理，常用的螺钉旋具有：一字槽螺钉旋具、十字槽螺钉旋具、弯头螺钉旋具、棘轮螺钉旋具等，见表 9-1。

表 9-1　　常用螺钉旋具

名称	说明	图示
一字槽螺钉旋具	一字槽螺钉旋主要用来旋紧或松开一字槽螺钉，使用时，应根据螺钉沟槽的宽度选用相适应的螺钉旋具	一字槽螺钉

续表

名称	说明	图示
十字槽螺钉旋具	十字槽螺钉旋具主要用来旋紧或松开头部带十字槽的螺钉，其优点是旋具不易从十字槽中滑出	十字槽螺钉
弯头螺钉旋具	弯头螺钉旋具两头各有一个刃口，适用于螺钉头部空间受到限制的装拆场合	
棘轮螺钉旋具	棘轮螺钉旋具在工作时，通过内部的棘轮机构，使螺钉旋具反复转动，实现快速旋紧或松开螺钉，提高装拆速度	

二、扳手

扳手是用来旋紧各种螺栓、螺母的工具，常用工具钢、合金钢或可锻铸铁制成，通常分为通用扳手、专用扳手和特殊扳手三大类。

1. 通用扳手

通用扳手也称为活扳手，如图 9-3 所示。

图 9-3　活扳手

活扳手的开口宽度可以在一定范围内调节，在装拆非标准规格的螺母和螺栓时能发挥更好的作用，应用广泛。

使用活扳手时，应让其固定钳口承受主要作用力，否则容易损坏扳手，如图 9-4 所示。

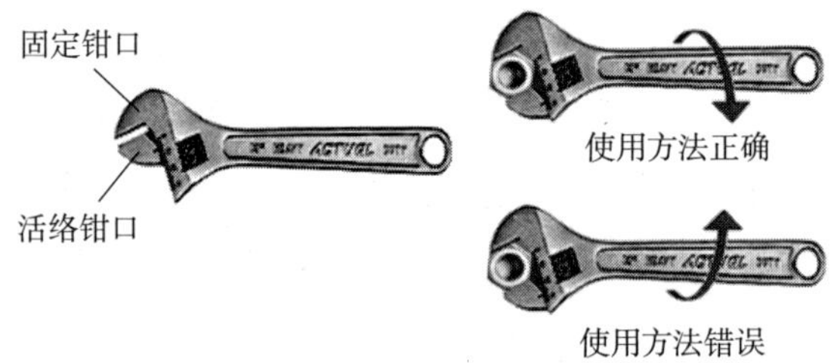

图 9-4　活扳手使用方法

2. 专用扳手

常用的专用扳手主要有开口扳手、整体扳手、套筒扳手、内六角扳手等，见表 9-2。

表 9-2　　**常用专用扳手**

名称	说明	图示
开口扳手	开口扳手主要用于装拆一般标准规格的螺母和螺栓，它的开口尺寸与螺母或螺栓的对边间距尺寸相对应，并根据标准尺寸做成一套，使用方便，稳定性较好	
整体扳手	整体扳手的用途与开口扳手相同，一般两端做成整体 12 边形，装拆螺母或螺栓时，可以产生较大的扭转力矩，工作可靠，不易滑脱，适用于旋转空间狭小的场合	

续表

名称	说明	图示
套筒扳手	套筒扳手除了具有一般扳手的用途外，特别适合用于旋转部位很狭小或隐蔽较深处的螺母和螺栓的装拆，由于套筒扳手各种规格是组装成套的，故使用方便	
内六角扳手	内六角扳手主要用于装拆内六角螺栓，成套的内六角扳手，可以装拆 M4～M30 的内六角螺栓	

3. 特种扳手

常用的特种扳手有棘轮扳手、气动扳手等，如图 9-5 所示。

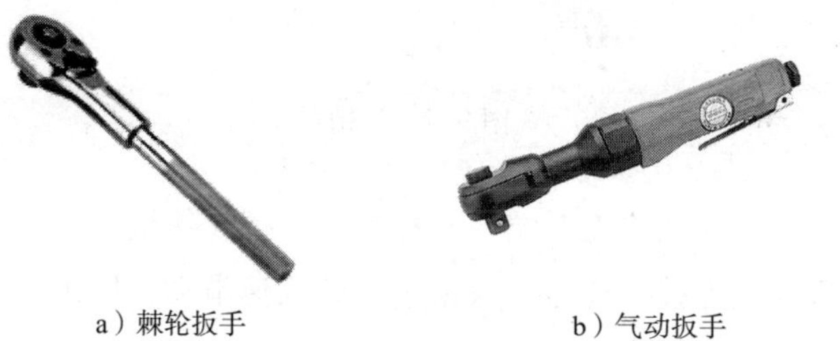

a）棘轮扳手　　b）气动扳手

图 9-5　特种扳手

三、铜棒

常用的铜棒一般选用紫铜作为原料，如图 9-6 所示。紫铜棒的质地较软，一般机械施工中常作为手锤敲击机械表面时的垫块，敲击时，通过紫铜棒将锤击产生的作用力传递至机械零件表面，同时不会造成零件损坏。

图 9-6　紫铜棒

四、拔销器

拔销器由握把、滑杆、滑块、快速接头等组成，其结构如图 9-7 所示。

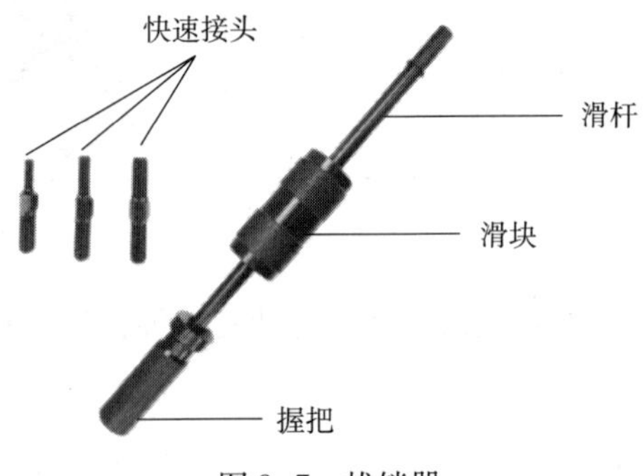

图 9-7　拔销器

将快速接头螺纹连接端与滑杆前端内螺纹连接，另一端与销子端部的螺纹孔连接，通过滑块沿滑杆的快速滑动，撞击握把，可以使销子从销孔中被拔出。

模块 2　普通螺纹连接

一、常见普通螺纹连接的类型

普通螺纹连接是一种可拆的固定连接，它具有结构简单、连接可靠、装拆方便等优点，在机械装配中应用广泛。常见的普通螺纹连接的基本类型有螺栓连接、双头螺柱连接、螺钉连接、紧定螺钉连接等，见表 9–3。

表 9–3　　常见普通螺纹连接

连接类型	说明	图示
螺栓连接	无须在连接零件上加工螺纹孔，连接件不受材料限制。主要用于连接件不太厚，且能从两边进行装配的场合	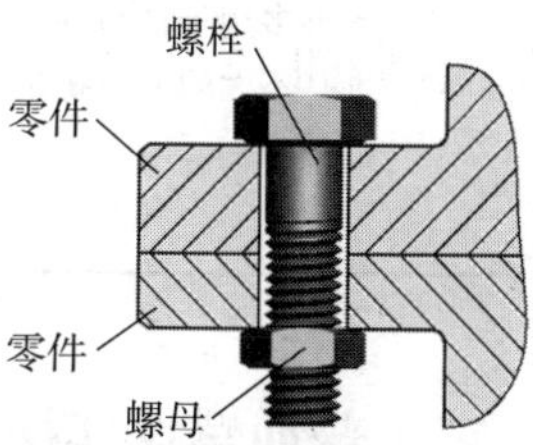
双头螺柱连接	拆卸时只需旋下螺母，螺柱仍留在连接件螺纹孔内，故螺纹孔不易损坏。主要用于连接件较厚而又需要经常装拆的场合	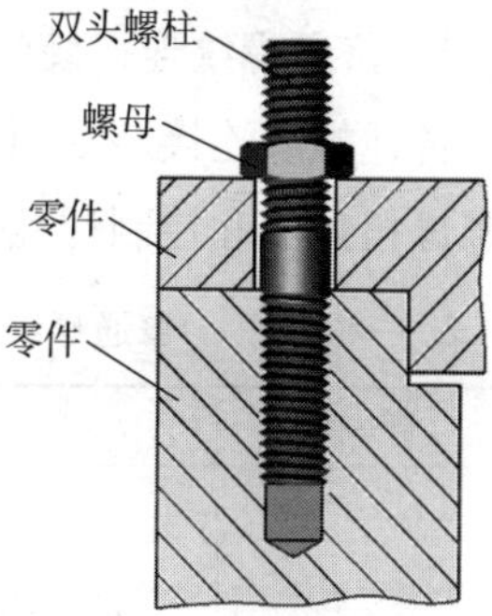
螺钉连接	主要用于连接件较厚，或结构上受到限制，不能采用螺栓连接，且不需经常装拆的场合	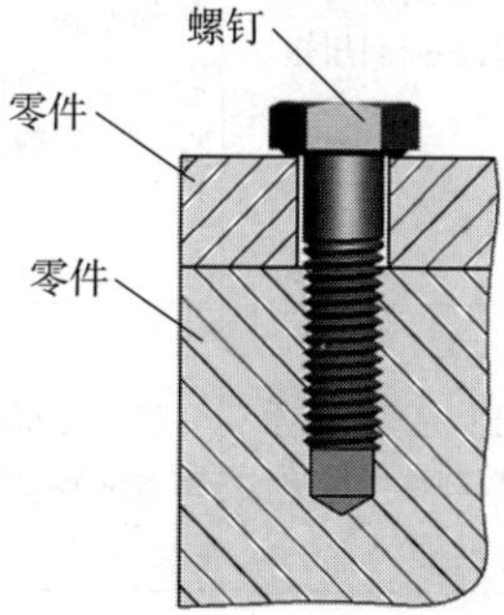

续表

连接类型	说明	图示
紧定螺钉连接	紧定螺钉的末端顶住其中一连接件的表面或进入该零件上相应的凹坑中，以固定两零件的相对位置。多用于轴与轴上零件的连接，传递不大的力或扭矩	紧定螺钉 零件 零件

二、普通螺纹连接装配要点

1. 普通螺纹连接装配时的预紧力控制

普通螺纹连接装配时，预紧力的控制方法常用控制扭矩法、控制螺母扭角法和控制螺栓伸长法，见表 9–4。

表 9–4　　普通螺纹连接装配时的预紧力控制方法

控制方法	说明	图示
利用测力扳手控制扭矩	使用测力扳手使预紧力达到规定值，测力扳手工作时，由于扳手杆和刻度板一起向旋转的方向弯曲，因此指针可以在刻度板上指出当前拧紧力矩的大小	板手头 指示针 读数板 测力扳手
利用定扭角扳手控制螺母扭角	使用定扭角扳手通过控制螺母拧紧时应转过的角度来控制预紧力	定扭角扳手

续表

控制方法	说明	图示
通过控制螺栓伸长量来控制预紧力	螺母拧紧前，螺栓长度为 L_1，按预紧力要求拧紧后，螺栓长度为 L_2，通过测量 L_1 和 L_2 便可以确定拧紧力矩是否合适	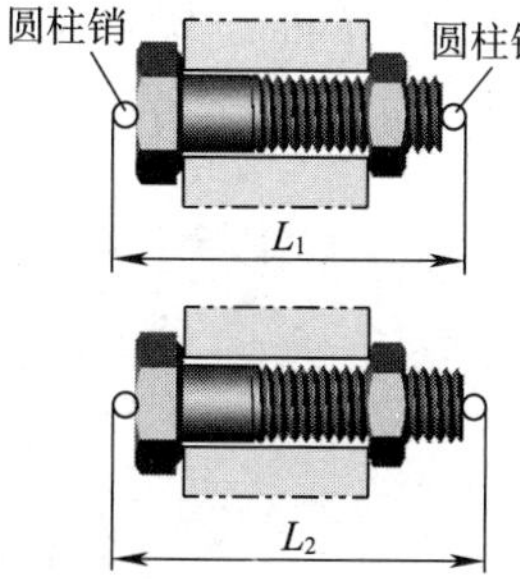 圆柱销　圆柱销　L_1　L_2

2. 双头螺柱装配要点

（1）双头螺柱装配时，应保证螺柱与机体螺纹的配合有足够的紧固性，保证在装拆螺母的过程中，无任何松动现象，见表9-5。

表9-5　　双头螺柱装配紧固性的控制方法

方法	说明	图示
螺纹末端过盈配合	将螺柱末端最后几圈螺纹做浅些，使螺柱末端与螺纹孔配合具有一定的过盈量，达到紧固配合的目的	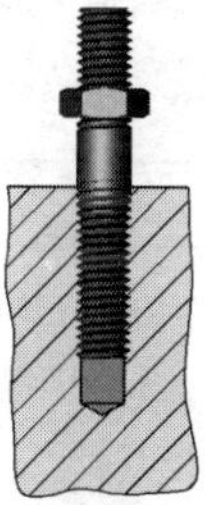
阶台紧固	利用螺柱上的阶台，使螺柱紧固在机体上	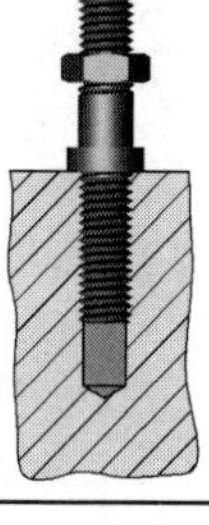

（2）双头螺柱装配时，其轴心线必须与机体表面垂直，如图 9-8 所示。装配时，利用直角尺检查双头螺柱轴心线与机体零件表面是否垂直。同时，需在配合处加入适量润滑油，以免旋入时产生咬合现象，也可便于以后的拆卸。

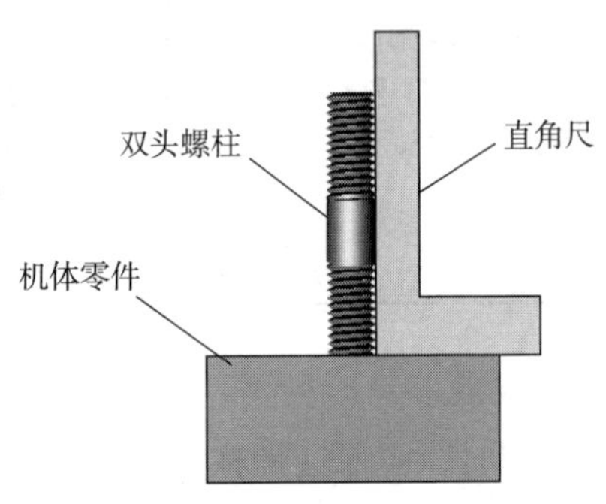

图 9-8　双头螺柱装配垂直度检测

（3）拧紧双头螺柱的常用方法有双螺母拧紧、长螺母拧紧和专用工具拧紧等，见表 9-6。

表 9-6　　双头螺柱装配时的拧紧方法

方法	说明	图示
双螺母拧紧法	将两个螺母相互锁紧在双头螺柱上，然后扳动上面一个螺母，即可把双头螺柱旋入螺纹孔中	
长螺母拧紧法	用止动螺钉阻止长螺母与双头螺柱之间的相对转动，然后扳动长螺母，即可旋紧双头螺柱。松开止动螺钉，即可拆掉长螺母	止动螺钉 长螺母 双头螺柱 机体零件

续表

方法	说明	图示
专用工具拧紧法	使用专用工具拧紧双头螺柱，操作简单，螺柱套入工具体后，随着工具体的旋转，螺柱被自动夹紧	滚珠 双头螺柱 工具体 A—A 挡圈 限位套筒 旋入方向

3. 螺母和螺钉的装配要点

螺母和螺钉装配除了要保证一定的拧紧力矩外，应注意以下几点：

（1）螺杆不产生弯曲变形，螺钉头部、螺母底部应与连接件接触良好。

（2）被连接件应均匀受压，互相紧密贴合，连接牢固。

（3）成组螺栓或螺母拧紧时，应根据被连接件的形状和螺栓、螺母的分布情况，按一定的顺序逐次拧紧，见表 9-7。

表 9-7　　成组螺栓或螺母装配时的拧紧方法

排列方式	说明	图示
一字型排列	在拧紧长方形布置的成组螺母时，应从中间开始，逐步向两边对称地扩展	4 2 1 3 5
平行排列		9 3 1 6 8 7 5 2 4 10
多排平行排列		14 8 3 7 15 12 4 1 5 11 16 6 2 9 13

续表

<table>
<tr><th>排列方式</th><th>说明</th><th>图示</th></tr>
<tr><td>方框形排列</td><td rowspan="2">在拧紧圆环形或方框形布置的成组螺母时，必须对称地进行（如有定位销，应从靠近定位销的螺栓开始拧紧），以防止螺栓受力不一致，导致变形</td><td>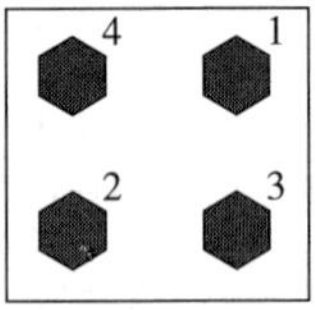
</td></tr>
<tr><td>圆环形排列</td><td>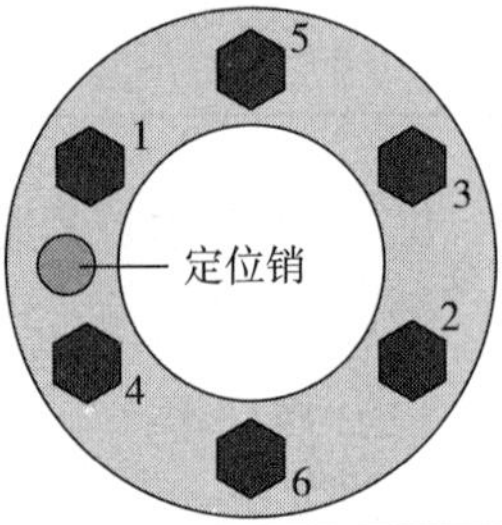
</td></tr>
</table>

4. 螺纹连接装配时的防松

螺纹连接用于有震动或冲击场合时，会发生松动，此时，必须安装可靠的防松装置。常用的螺纹防松装置有附加摩擦力防松装置和机械方法防松装置，见表 9–8。

表 9–8　　常用螺纹防松装置

<table>
<tr><th>防松装置</th><th>防松方法</th><th>说明</th><th>图示</th></tr>
<tr><td rowspan="2">附加摩擦力防松装置</td><td>锁紧螺母防松</td><td>锁紧螺母防松也称双螺母防松，防松装置采用两个螺母，会增加结构尺寸和重量，一般用于低速重载或较平稳的场合</td><td>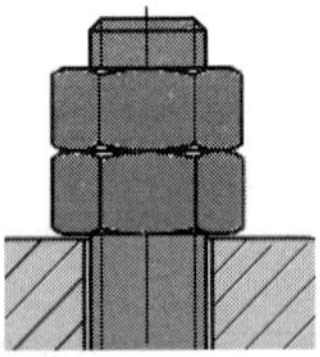</td></tr>
<tr><td>弹簧垫圈防松</td><td>弹簧垫圈防松装置结构简单，防松可靠，但弹簧垫圈容易刮伤螺母和被连接件表面，同时由于弹性力分布不均匀，螺母容易变形，一般应用于不经常装拆的场合</td><td>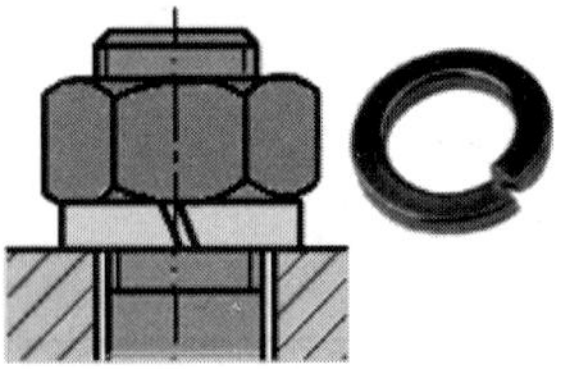</td></tr>
</table>

续表

防松装置	防松方法	说明	图示
机械方法防松装置	口销与带槽螺母防松	防松可靠，但螺杆上销孔位置不易与螺母最佳锁紧位置的槽口相吻合，多用于有变载和震动的场合	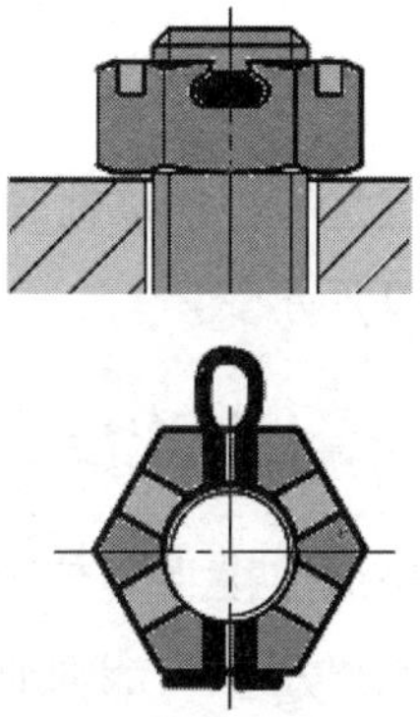
	止动垫圈防松	防松可靠，但螺杆上需要加工容纳止动垫圈内口的凹槽，强度会有所削弱，一般用于震动较小或冲击压力较小的场合	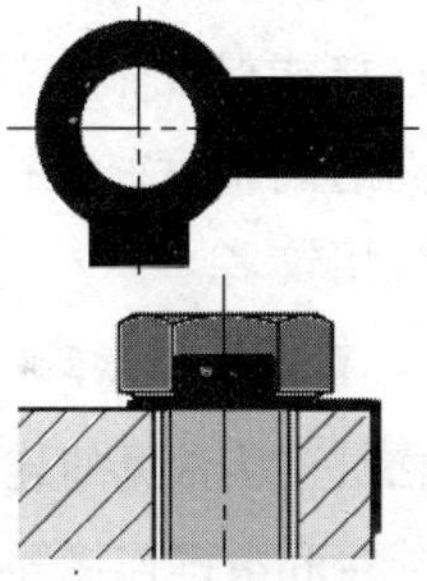
	串联钢丝防松	以钢丝的牵制作用来防止螺纹松动，适用于布置较紧凑的成组螺纹连接，串制钢丝时，需注意钢丝的穿绕方向	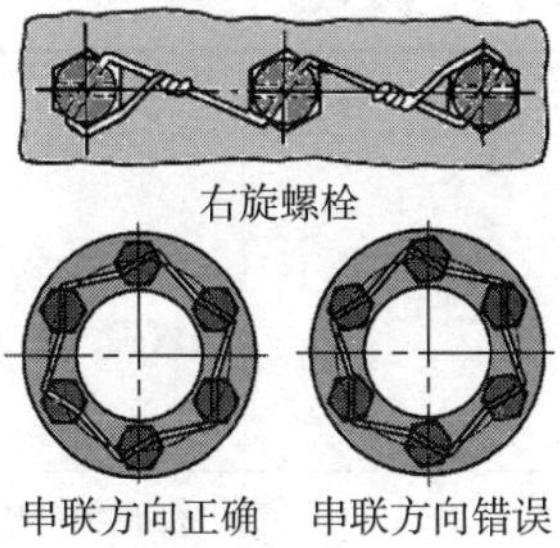 右旋螺栓 串联方向正确　串联方向错误

模块3　键连接

键是一种连接轴和轴上零件，并可以传递扭矩的机械零件，如图9–9所示。

一、松键连接

松键连接主要依靠键的侧面来传递扭矩，只能对轴上零件做周向固定，而不能承受轴向力。松键连接能保证轴与轴上零件具有较高的同轴度，在高速精密连接中应用较多。

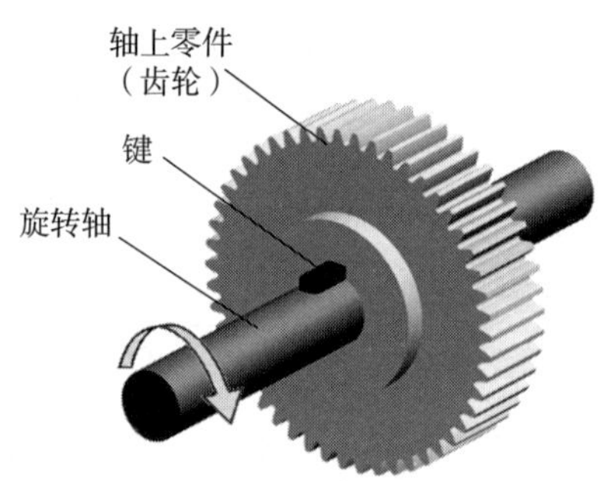

图9–9　键连接

1. 松键连接形式

松键连接常见的连接形式有普通平键连接、半圆键连接、导向平键连接和滑键连接等，见表9–9。

表9–9　松键连接常见形式

形式	说明	图示
普通平键连接	应用广泛，常用于高精度、传递重载荷、冲击及双向扭矩的场合	
半圆键连接	键在轴槽中能绕槽底圆弧曲率中心摆动，装拆方便，但因键槽较深，使轴的强度降低。一般用于载荷较轻的场合，常用于轴的锥形端部	

续表

形式	说明	图示
导向平键连接	轴上零件能做轴向移动，为了装拆方便，设有起键螺钉。常用于轴上零件轴向移动量不大的场合	
滑键连接	键与轴槽为间隙配合，轴上零件能带键做轴向移动。主要应用于轴上零件轴向移动量较大的场合	

2. 松键连接装配要点

（1）清理键及键槽上的毛刺，以防配合后产生过大的过盈量而破坏配合的正确性。

（2）对于重要的键连接，装配前应检查键的直线度和键槽相对于轴心线的对称度及平行度等误差。

（3）用键的头部与轴槽试配，普通平键和导向平键应能较紧地嵌在键槽中。

（4）锉配键长时，在键长方向上键与键槽应留有 0.01 mm 左右的间隙。

（5）在配合面上加入适量机油，用铜棒敲击装配至键槽中，并保证键与键槽底部接触良好。

（6）试配并安装轴上零件时，键与键槽的非配合面应留有间隙，以确保轴与轴上零件有较好的同轴度要求，装配后的轴上零件不能在轴上左右摆动，否则容易引起冲击和振动。

二、紧键连接

紧键连接主要指楔键连接。楔键连接分为普通楔键连接和钩头楔键连接两种，如图 9-10 所示。

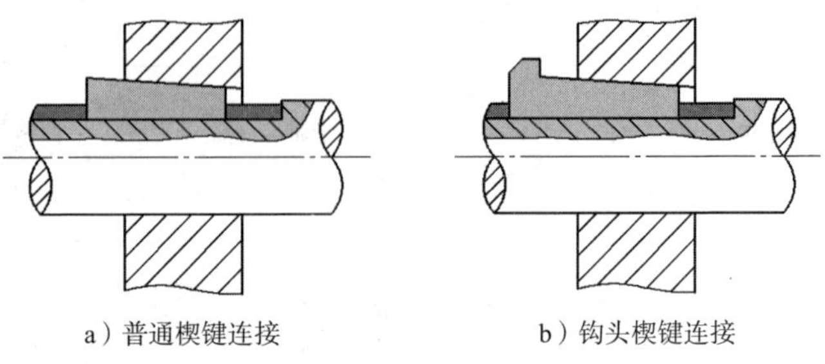

a）普通楔键连接　　b）钩头楔键连接

图 9-10　紧键连接

楔键的上下两面是工作表面，键的上表面配合为 1∶100 的斜面配合，键的侧面与键槽留有一定的间隙。装配时，键依靠斜面产生过盈以传递扭矩。

楔键连接能轴向固定零件和传递单方向轴向力，但轴上零件容易与轴产生配合上的偏心或歪斜，因此，楔键连接多用于对称性要求不高，转速较低的场合。

装配楔键时，可用涂色法检查楔键上下表面与键槽表面的接触情况，如图 9-11 所示。若发现接触不良，可用锉刀、刮刀修整键槽，合格后，用铜棒轻敲楔键配入。

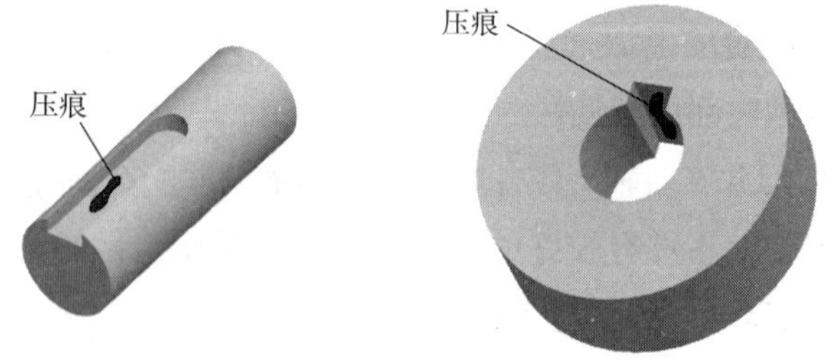

图 9-11　楔键装配时的接触情况

模块4　销连接

销连接的主要作用是定位、连接，有时还可以作为安全装置中的过载保护元件，如图9-12所示。

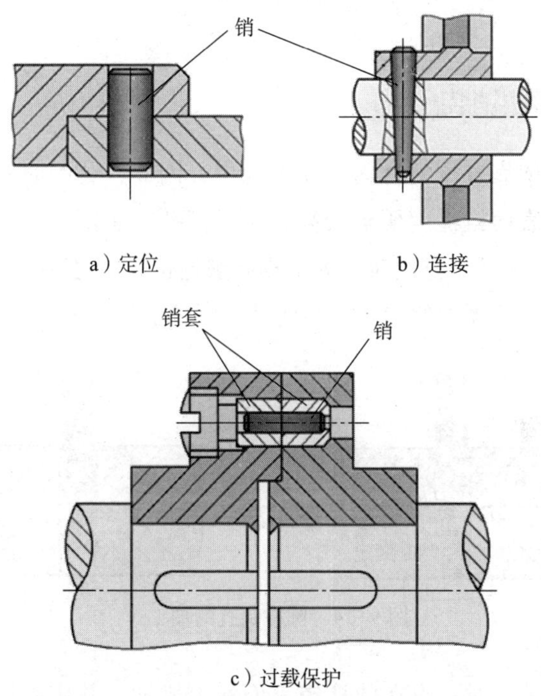

a）定位　　b）连接

c）过载保护

图9-12　销连接的主要作用

销是一种标准件，其形状和尺寸都已标准化，机械连接中常用圆柱销和圆锥销，如图9-13所示。

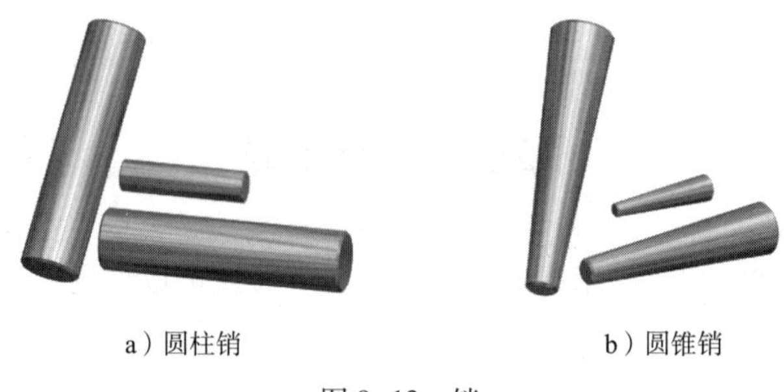

a）圆柱销　　b）圆锥销

图 9-13　销

一、圆柱销装配

圆柱销依靠过盈配合固定在销孔中，因此，装配时对销孔的尺寸、形状及表面粗糙度要求较高，所以销孔在装配前须进行铰削加工，如图 9-14 所示。同时，为了提高被连接零件之间的装配位置精度，一般被连接零件的销孔都为同钻、同铰加工。

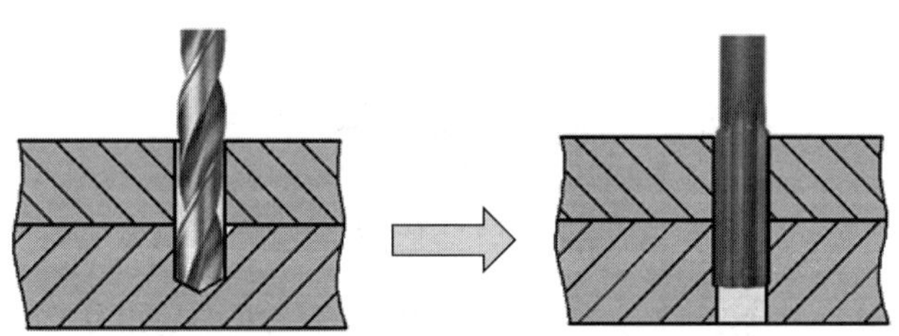

图 9-14　圆柱销孔的加工

圆柱销装配时，应在圆柱销表面涂上机油，并用铜棒将圆柱销轻轻敲入，如图 9-15 所示。

圆柱销装配后，上表面应略低于连接零件表面或与连接零件表面相平齐，如图 9-16 所示。圆柱销不宜多次拆装，否则会降低连接零件之间的定位精度和连接的紧固程度。

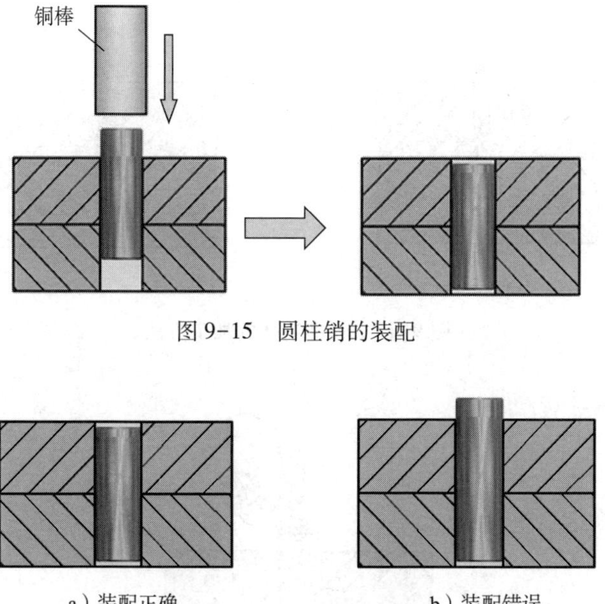

图 9-15　圆柱销的装配

a）装配正确　　b）装配错误

图 9-16　圆柱销装配效果

二、圆锥销的装拆

1. 圆锥销装配

常用圆锥销的锥度为 1∶50，其规格以圆锥销小头直径和长度表示。圆锥销装配时，两连接零件的销孔也应一起钻、铰孔加工，圆锥销孔的加工方法如图 9-17 所示。

圆锥销孔钻孔时，应根据圆锥销小头直径选择底孔钻头（需留有铰削余量），钻削加工阶台孔，然后用 1∶50 锥度的铰刀铰削圆锥销孔。

圆锥销底孔铰削时，用试配法控制孔径，以圆锥销能自由地配入全长的 80%～85%为宜，如图 9-18 所示。

圆锥销底孔加工完成后，用铜棒敲击圆锥销大头，使圆锥销配

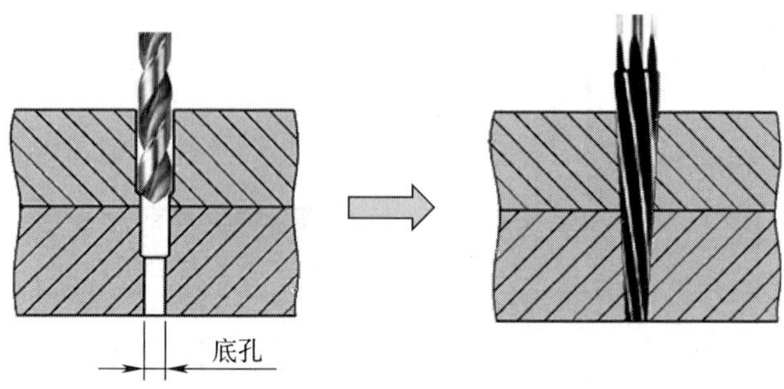

图 9-17　圆锥销孔的加工方法

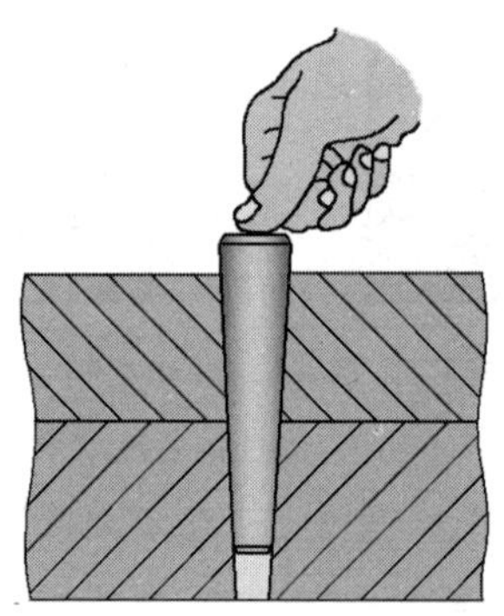

图 9-18　试配圆锥销孔

入销孔，圆锥销的大头可稍微露出被连接零件表面，也可以与被连接零件表面平齐，如图 9-19 所示。

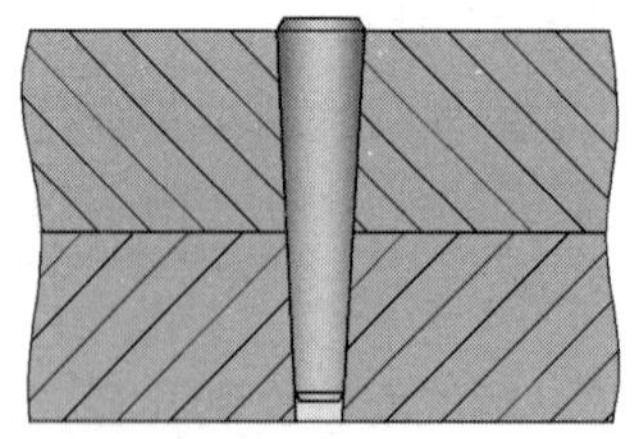

图 9-19　圆锥销装配效果

2. 圆锥销拆卸

根据圆锥销的使用场合不同，拆卸圆锥销的方法也有所不同，其拆卸方法见表9-10。

表9-10　　圆锥销的拆卸方法

名称	说明	图示
通孔时圆锥销的拆卸方法	根据圆锥销孔小端直径选择合适的芯棒（芯棒材料应比圆柱销材料软），将芯棒置于圆锥销小端处，使用手锤锤击芯棒，可以将圆锥销拆卸下来	芯棒
盲孔时圆锥销的拆卸方法	拆卸带螺纹孔的圆锥销时，主要采用拔销器拔出，主要应用于圆锥销孔位盲孔的场合	拔销器

模块5　技能训练

一、训练内容

完成图9-20所示简易钻夹具制作，各零件备料如图9-20a装配图明细表所示。

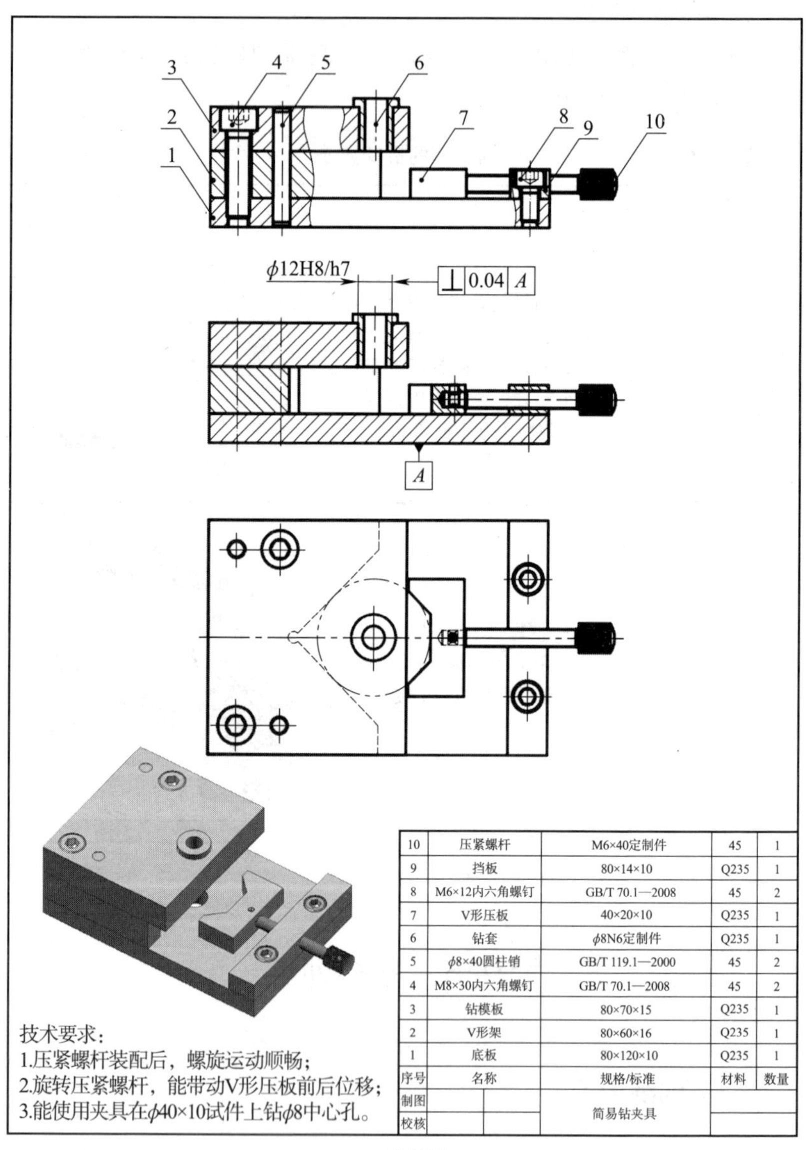

10	压紧螺杆	M6×40定制件	45	1
9	挡板	80×14×10	Q235	1
8	M6×12内六角螺钉	GB/T 70.1—2008	45	2
7	V形压板	40×20×10	Q235	1
6	钻套	ϕ8N6定制件	Q235	1
5	ϕ8×40圆柱销	GB/T 119.1—2000	45	2
4	M8×30内六角螺钉	GB/T 70.1—2008	45	2
3	钻模板	80×70×15	Q235	1
2	V形架	80×60×16	Q235	1
1	底板	80×120×10	Q235	1
序号	名称	规格/标准	材料	数量
制图		简易钻夹具		
校核				

技术要求：
1.压紧螺杆装配后，螺旋运动顺畅；
2.旋转压紧螺杆，能带动V形压板前后位移；
3.能使用夹具在ϕ40×10试件上钻ϕ8中心孔。

a）装配图

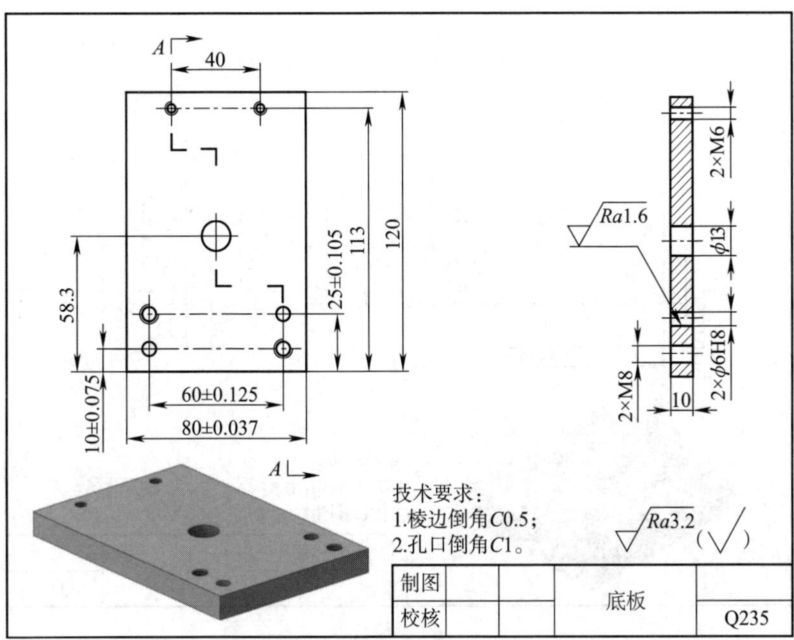

b）底板

ϕ40H7($^{0}_{-0.025}$)
圆柱芯轴

ϕ4
92°±2′
60
78.28±0.06
25
10
60
80

⊥ 0.02 A
Ra1.6
Ra1.6
2×ϕ6H8
2×ϕ9H8
16
A

技术要求：
1.棱边倒角C0.5；
2.孔口倒角C1。

Ra3.2 (√)

制图			V形架	
校核				Q235

c）V形架

φ12H8
0.8 A
0.02 B
Ra1.6
Ra1.6
B
25±0.105
58.3±0.06
70±0.037
10±0.075
60±0.125
80±0.037
A
2×φ6H8
2×φ9
15
2×φ13↧8
技术要求：
1.棱边倒角C0.5；
2.孔口倒角C1。
Ra3.2（√）
制图
校核
钻模板
Q235

d）钻模板

Ra1.6
Ra1.6
φ12h7
φ8N6
φ16
15±0.035
18
φ12h7
技术要求：
1.棱边倒角C0.5；
2.孔口倒角C1。
Ra3.2（√）
制图
校核
钻套
45

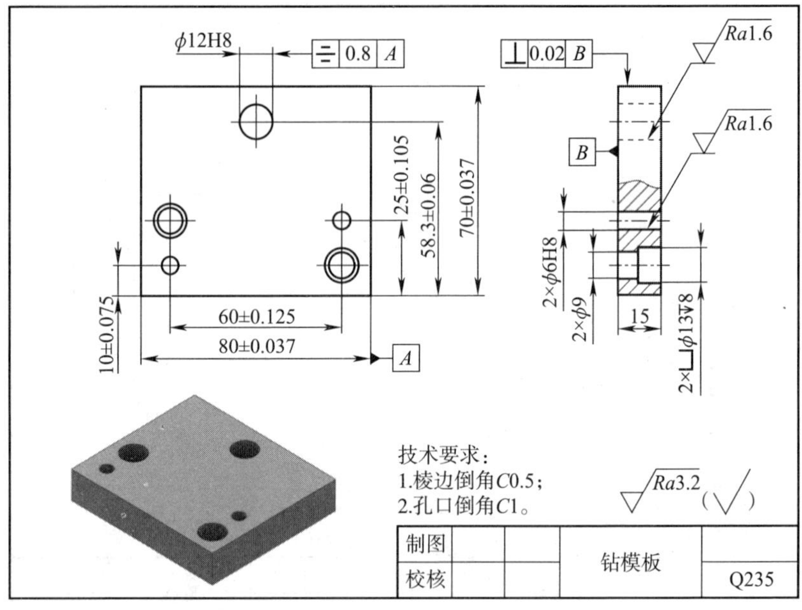

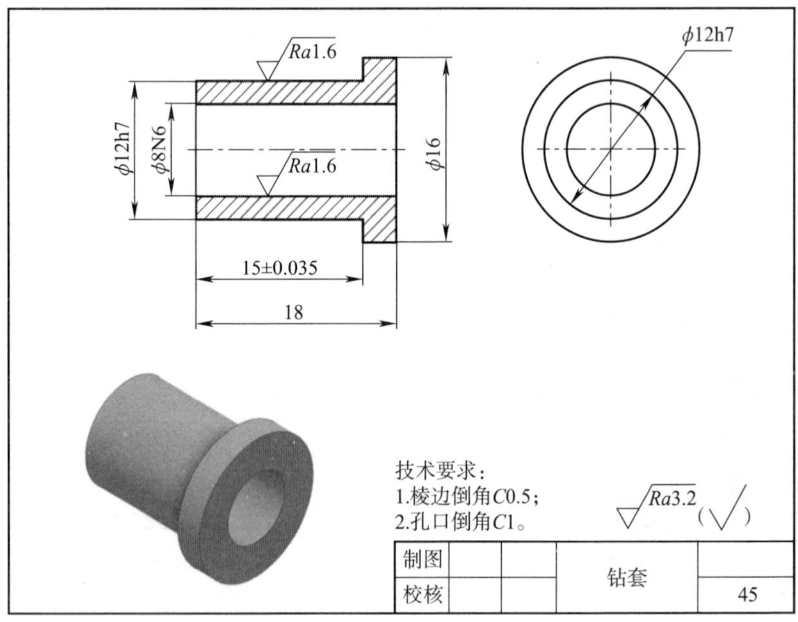

e）钻套

90°±2′
16
20
12
M3
40±0.031
⊥ 0.02 A
A
8
4
ϕ5
10
技术要求:
1.棱边倒角C0.5;
2.孔口倒角C1。
Ra3.2 (√)
制图
校核
V形压板
Q235

f）V形压板

M6
2×⌴ϕ11↧6
10
2×ϕ7
80
40
14
技术要求:
1.棱边倒角C0.5;
2.孔口倒角C1。
Ra3.2 (√)
制图
校核
挡板
Q235

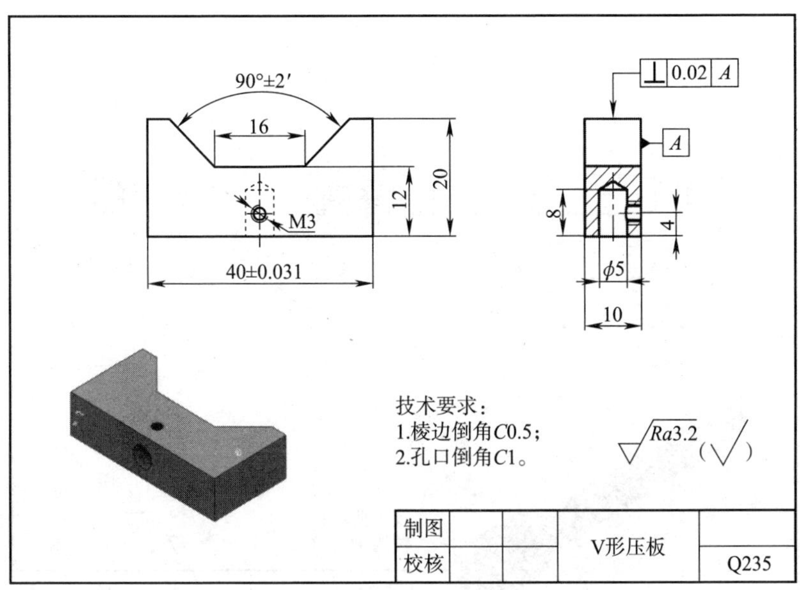

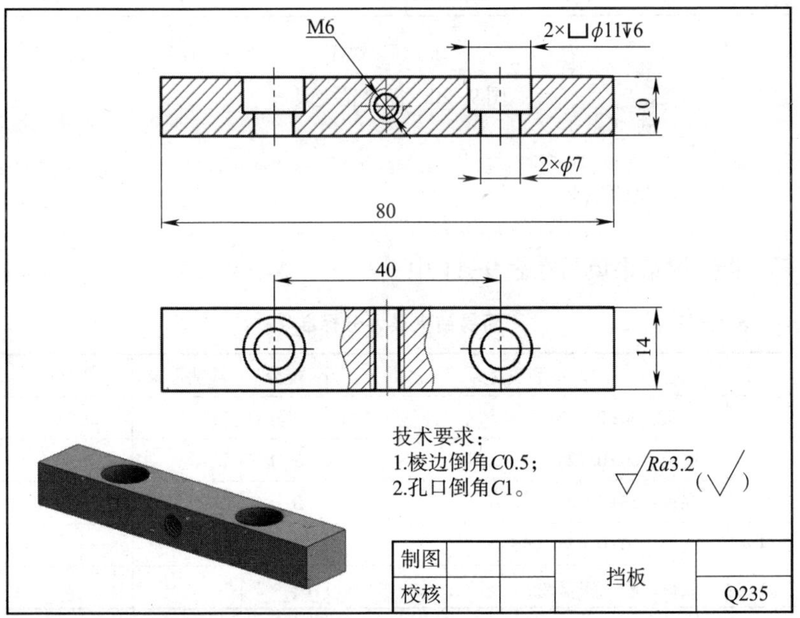

g）挡板

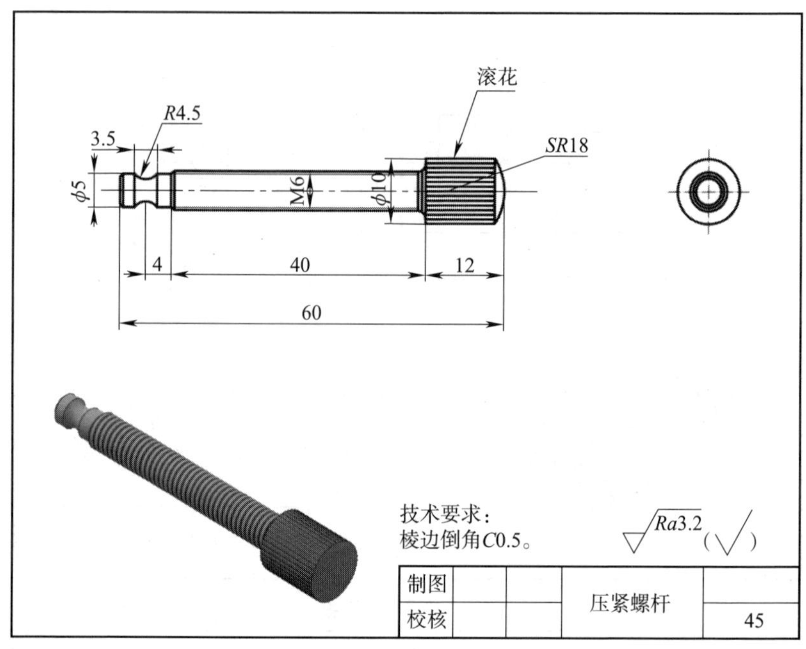

h）压紧螺杆

图 9-20　简易钻夹具

二、技能测评

将测评结果填写在表 9-11 中。

表 9-11　　　　　　　　简易钻夹具评分标准

序号	检测项目	配分	检测记录	得分
1	底板：80±0. 037	3 分		
2	底板：60±0. 125	3 分		
3	底板：25±0. 105	3 分		
4	底板：10±0. 075	3 分		
5	底板：M8，共 2 处	1 分×2		

续表

序号	检测项目	配分	检测记录	得分
6	底板：M6，共 2 处	1 分×2		
7	底板：ϕ6H8，共 2 处	1 分×2		
8	底板：$\sqrt{Ra1.6}$，共 2 处	0.5 分×2		
9	底板：ϕ13	1 分		
10	V 形架：78.28±0.06	3 分		
11	V 形架：90°±2′	3 分		
12	V 形架：ϕ9H8，共 2 处	1 分×2		
13	V 形架：ϕ6H8，共 2 处	1 分×2		
14	V 形架：$\sqrt{Ra1.6}$，共 4 处	0.5 分×4		
15	钻模板：80±0.037	3 分		
16	钻模板：70±0.037	3 分		
17	钻模板：60±0.125	3 分		
18	钻模板：25±0.105	3 分		
19	钻模板：10±0.075	3 分		
20	钻模板：58.3±0.06	3 分		
21	钻模板：ϕ12H8	1 分		
22	钻模板：⌯ 0.08 A	3 分		
23	钻模板：ϕ6H8，共 2 处	1 分×2		
24	钻模板：ϕ13 沉孔，共 2 处	1 分×2		
25	钻模板：$\sqrt{Ra1.6}$，共 3 处	0.5 分×3		
26	V 形压板：40±0.031	3 分		
27	V 形压板：90°±2′	3 分		
28	V 形压板：ϕ5	1 分		
29	V 形压板：M3	1.5 分		
30	挡板：ϕ11 沉孔，共 2 处	1 分×2		

续表

序号	检测项目	配分	检测记录	得分
31	挡板：M6	1 分		
32	装配：圆柱销安装正确，共 2 处	1 分×2		
33	装配：内六角螺钉安装稳固，共 4 处	1 分×4		
34	装配：⊥ 0.04 A	5 分		
35	装配：压紧螺杆装配正确，螺旋运动顺畅	4 分		
36	装配：旋转压紧螺杆时，能带动 V 形压板前后位移	4 分		
37	装配：能在 $\phi40\times10$ 试件上加工 $\phi8$ 中心孔	5 分		
38	安全文明生产	5 分		

培训大纲

一、培训目标

通过培训，培训对象可以在企业从事初级钳工岗位工作。

1. 理论知识培训目标

（1）了解钳工在生产过程中担任的主要任务。

（2）了解钳工常用设备及其使用注意事项。

（3）熟悉我国法定长度计量单位及其换算关系。

（4）掌握钳工常用量具测量原理及读数方法。

（5）掌握划线的作用与要求。

（6）掌握划线基准及选择方法。

（7）熟悉常用划线工具。

（8）了解錾削加工场合及加工范围。

（9）了解錾子刃磨及热处理方法。

（10）熟悉锯条的种类，并能根据使用场合进行选用。

（11）了解锉削的应用范围。

（12）了解锉刀的规格及其选用方法。

（13）了解钻床的结构及用途。

（14）了解钻床操作安全规程。

（15）熟悉麻花钻的工作部分结构及作用。

（16）了解螺纹的作用、种类及参数。

（17）熟悉螺纹的标注方法。

（18）掌握螺纹连接的装配方法。

2. 操作技能培训目标

（1）熟悉台虎钳的结构，并能对台虎钳进行日常维护和保养。

（2）能安全操作砂轮机。

（3）能使用钳工常用量具测量零件，并依据测量结果判断零件是否合格。

（4）能对量具进行常规保养。

（5）能选用合适的划线工具对零件进行划线加工。

（6）能根据零件加工要求正确选择錾子，并完成錾削工作。

（7）能选择锯削工具对零件进行锯削加工。

（8）能进行零件锉削加工。

（9）能根据孔加工要求调整钻床转速和进给量。

（10）能正确刃磨麻花钻。

（11）能根据图样要求完成孔加工。

（12）能根据图样要求并选用合适的螺纹加工工具进行零件螺纹加工。

（13）能使用常用装配工具进行装配。

二、培训课时安排

总课时数：190课时

理论知识课时：86课时

操作技能课时：104课时

具体培训课时分配见下表。

培训课时分配表

培训内容	理论知识课时	操作技能课时	总课时	培训建议
第1单元　认识钳工	**3.5**	**2.5**	**6**	重点：钳工基本操作技能；钳工的主要任务；钳工生产操作要求
模块1　钳工的工作任务	0.5		0.5	

续表

<table>
<tr><th>培训内容</th><th>理论知识课时</th><th>操作技能课时</th><th>总课时</th><th>培训建议</th></tr>
<tr><td>模块 2　钳工常用设备</td><td>2</td><td>0.5</td><td>2.5</td><td rowspan="3">难点：台虎钳拆装和保养
建议：
1. 重点内容可运用启发式和讨论式教学
2. 难点部分的操作可将学员分为两人一组，先由教师示范规范性操作，学员练习时，教师应注重巡回指导和个别指导</td></tr>
<tr><td>模块 3　学习钳工技能的方法及生产操作要求</td><td>1</td><td></td><td>1</td></tr>
<tr><td>模块 4　技能训练</td><td></td><td>2</td><td>2</td></tr>
<tr><td>第 2 单元　测量</td><td>11.5</td><td>11</td><td>22.5</td><td rowspan="3">重点：游标卡尺的读数；千分尺的使用方法；万能角度尺的使用方法
难点：万能角度尺测量范围的调整
建议：
1. 重点内容可采用微课和示范演示的方法进行教学
2. 难点采用分组讨论、教师示范、实践操作的方式突破</td></tr>
<tr><td>模块 1　钳工常用量具</td><td>9.5</td><td>7</td><td>16.5</td></tr>
<tr><td>模块 2　技能训练</td><td>2</td><td>4</td><td>6</td></tr>
<tr><td>第 3 单元　划线</td><td>11.5</td><td>7</td><td>18.5</td><td rowspan="5">重点：平面划线的方法；立体划线的方法
难点：立体划线的基准找正
建议：
1. 重点内容可采用讲授、视频讲解和示范演示的方法进行教学
2. 难点采用分组讨论、教师示范、实践操作的方式突破</td></tr>
<tr><td>模块 1　划线基本知识</td><td>2.5</td><td></td><td>2.5</td></tr>
<tr><td>模块 2　平面划线</td><td>5</td><td>3</td><td>8</td></tr>
<tr><td>模块 3　立体划线</td><td>3</td><td>2</td><td>5</td></tr>
<tr><td>模块 4　技能训练</td><td>1</td><td>2</td><td>3</td></tr>
<tr><td>第 4 单元　錾削</td><td>8</td><td>6.5</td><td>14.5</td><td rowspan="5">重点：錾削姿势；不同零件的錾削方法
难点：錾子的刃磨
建议：
1. 重点内容可采用讲授、示范演示和微课的方式进行教学
2. 难点采用观摩演示、实践操作的方式突破</td></tr>
<tr><td>模块 1　錾削工具</td><td>2.5</td><td>1</td><td>3.5</td></tr>
<tr><td>模块 2　錾削姿势及操作要领</td><td>1</td><td>1</td><td>2</td></tr>
<tr><td>模块 3　錾削方法及安全注意事项</td><td>3.5</td><td>2.5</td><td>6</td></tr>
<tr><td>模块 4　技能训练</td><td>1</td><td>2</td><td>3</td></tr>
</table>

续表

培训内容	理论知识课时	操作技能课时	总课时	培训建议
第5单元　锯削	**8.5**	**7**	**15.5**	重点：起锯方式；锯削方法的选择 难点：锯削姿势及要领 建议： 1. 重点内容可采用讲授、示范演示的方式进行教学 2. 难点采用视频演示、现场观摩和实践操作的方式突破
模块1　锯削工具	3	1	4	
模块2　锯削方法及安全注意事项	4.5	3	7.5	
模块3　技能训练	1	3	4	
第6单元　锉削	**9.5**	**11**	**19.5**	重点：锉刀的选用；锯削方法及要领 难点：锉削姿势及要领 建议： 1. 重点内容可采用讲授、小组讨论的方式进行教学 2. 难点采用视频演示、现场观摩和实践操作的方式突破
模块1　锉刀	3.5	1	4.5	
模块2　锉削方法	4	3	7	
模块3　锉刀的保养	1	1	2	
模块4　技能训练	1	6	7	
第7单元　孔加工	**11**	**14**	**25**	重点：常用钻床的操作；钻孔加工方法与步骤 难点：麻花钻的刃磨 建议： 1. 重点内容可采用动画展示、示范操作的方式进行教学 2. 难点采用示范演示、观摩、交流和实践操作的方式突破
模块1　孔加工设备	4	2	6	
模块2　钻孔	3	2	5	
模块3　扩孔与锪孔	2	4	6	
模块4　铰孔	1	2	3	
模块5　技能训练	1	4	5	
第8单元　螺纹加工	**8**	**16**	**24**	重点：螺纹标注的识读；内螺纹方法及步骤；外螺纹方法及步骤 难点：螺纹底孔（或螺杆）直径的确定 建议： 1. 重点内容可采用图片展示、讲授、讨论、示范操作的方式进行教学 2. 难点采用讲授、交流讨论的方式突破
模块1　螺纹基本知识	2		2	
模块2　攻螺纹	2	2	4	
模块3　套螺纹	2	2	4	
模块4　技能训练	2	12	14	

续表

<table>
<tr><th>培训内容</th><th>理论知识课时</th><th>操作技能课时</th><th>总课时</th><th>培训建议</th></tr>
<tr><td>第 9 单元　装配</td><td>14.5</td><td>29</td><td>43.5</td><td rowspan="6">重点：装配工具的使用方法；普通螺纹连接装配要点；键、销连接装配要点
难点：螺纹连接的防松
建议：
1. 重点内容可采用图片展示、讲授、讨论、示范操作的方式进行教学
2. 难点采用讲授、交流讨论的方式突破</td></tr>
<tr><td>模块 1　常用装配工具</td><td>2.5</td><td>1</td><td>3.5</td></tr>
<tr><td>模块 2　普通螺纹连接</td><td>2</td><td>2</td><td>4</td></tr>
<tr><td>模块 3　键连接</td><td>1</td><td>1</td><td>2</td></tr>
<tr><td>模块 4　销连接</td><td>1</td><td>1</td><td>2</td></tr>
<tr><td>模块 5　技能训练</td><td>8</td><td>24</td><td>32</td></tr>
<tr><td>合计</td><td>86</td><td>104</td><td>190</td><td></td></tr>
</table>